JN324151

銀座ウエスト の ひみつ

木村衣有子

京阪神エルマガジン社

人からよく「おたくの菓子は昔から変わらないね」などと言われますがそれは違います。今のお客様の好みに合わせていく事も重要ですが明らかに変わったと判る様な変え方はせずに少しずつ現在の嗜好に合わせ、結果お客様にはずっと変わっていない印象を持って頂くというのがベストではないかと思います。

2011.5.31

銀座ウエストのTweetより

「ウエストらしさ」とはなんだろう

ウエストは変わらないね、というのはもちろん、銀座に店を70年近く構え続ける「銀座ウエスト」に対しての褒め言葉である。

しかし、ほんとうに変わっていないのだろうか。

そんな考えがちらとよぎる。

ウエストと同じだけの年月を生きてはいない私だから、ほんとうかどうか自ら見届けられるわけではないのだけれど、銀座のウエストの風景にはなぜだか、懐かしいな、という感想を抱かされるのもほんとうだ。古めかしいものを大事にしているにちがいない、と思わされる。

とはいえ、変えない、ということのみを頑なに貫いているわけではないはずで、それはウエストの歴史を紐解くと分かる。

そもそも、1947年に開店した当初のウエストは、喫茶店でもお菓子の店でもなく、レストランだった。

今や東京土産の定番となっている「ドライケーキ」は、１９６４年の東京オリンピックを控えて都心で盛んにおこなわれた工事のせいで客足が遠のいたことがきっかけで考案された。店に来て食べてもらえないのならお土産になるお菓子を作ろう、と。

ウエストの歴史を辿っていくと、臨機応変だなあ、と感心させられる局面は少なくない。なのに、変わらない、と思われている。それはどうしてなのか。

変わらない、ということは、ウエストらしさをずうっと保ち続けている、ともいえるだろうか。

「ウエストらしさ」とはなんだろう。

真面目さ。
折り目正しさ。
おいしさ。

それはどこに宿っているのだろう。

ウェイトレスの所作。

白いテーブルクロス、クリーム色の包装紙。

リーフパイやドライケーキ。

ウエストの二代目社長である依田《よだ》龍一《りゅういち》さんをはじめ、工場長やウェイトレスたちにあれやこれやと話を聞いてまわった。その話を柱にして「ウエストらしさ」を探っていきたい。

目次

第一章

喫茶室の風景

銀座本店へ

まずは銀座本店からはじめよう。

銀座七丁目、外堀通り沿いにこぢんまりとした建物がある。通り沿いに建ち並ぶビル群の中ではその小ささがむしろ目を引く。その1階が「銀座ウエスト」だ。

窓口が通りに開かれた、売店がある。昔のたばこ屋さんの店構えを想像してもらいたい。人がふたりも入るとそれでいっぱいになるくらいの小さなカウンターの中に、いつも売り子がにこにこと、お客さんを待っている。

売店には、リーフパイ、ドライケーキなどのきつね色が基調のお菓子が、クリーム色の箱に詰められ、やはりクリーム色の包装紙に包まれて並んでいて、目に柔らかく映る。その隣にはショートケーキやシュークリームがある。

通りすがりにお菓子をすっと買えるという気安さがいい。この窓口で買い物をしているおじさんをよく見かける。デパートの地下におりて甘いものの迷宮を彷徨《さまよ》うのとは違って、ここでは簡潔に、照れもなく好きなお菓子を選べるからだろうなあ。ぱりっとしたスーツ姿で、かがみこんでケーキを熱心に選んでいるその後ろ姿は、銀座の風物詩のひとつといっていいだろう。

その売店に向かって左、階段が3段、それを上がったところに、喫茶室のドアがある。ドアは木製で、ガラス窓が付いている。窓の内側に薄いカーテンがかかっているため、店の中はここからはまだ、はっきりとは見えない。ガラスにはウエストの店名と、指揮棒を持った少年の後ろ姿のシルエットが金色であしらわれている。この少年は名前を「フリッツ君」といって、創業当時からずうっと、ウエストのトレードマークという役を務めている。名前はお客さんが付けたそうだ。

ドアを開けよう。

テーブルと椅子が整然と並んでいる。昔ながら、といえる小ぶりなサイズだ。テーブルにかけられたクロス、椅子の背に付けられたヘッドカバー、どちらもまぶしすぎるくらいに白い。生真面目な色だ、という印象を受けるのは、それをいつも真っ白に保つためには相当にきちんと手入れをしなければならないからだ。

テーブルクロスの白色は、ウエストの折り目正しさをとてもよくあらわしている。

しかし、コーヒーが運ばれてきて、卓上に置かれると、その折り目正しさから醸し出されるいくばくかの緊張感が、ちょっとほぐれる。

コーヒーカップの受け皿の輪郭が、ゆらいでいるからだ。あえていうならば丸と三角のあいだの形だ。例えるならば、はまぐりなどの二枚貝を思わせる。あるいはおにぎりかなあ、そう思っていたら、ウェイトレスたちのあいだでもおにぎりみたいだと言われていると知る。

カップを持ち上げてみるとそれがよく分かる。いつもこの形を確かめては、ああやっぱりウエスト、と、妙に安心する。

コーヒーのお供である、ステンレスに銀メッキをした砂糖入れやミルクピッチャーもぴかぴかに磨かれていてかっちりとした印象を受けるが、この受け皿が卓上をずいぶん柔らかくしていると私は思う。

依田龍一さんのお父さん、友一《ともいち》さんがウエストを取り仕切っていた頃、40年以上前からずっと使われている受け皿のデザインは、ウエストのオリジナルのものとして、型を起こすところから注文したものかと思いきや、当時あった既製品にウエストのマークを入れたのだという。しかしメーカーはこの型を廃番にしてしまった。その後も使い続けるために、今ではわざわざ注文をして作ってもらっているそうだ。

わりあい小ぶりなコーヒーカップに注がれたコーヒーは、濃さもちょうどよくてすいすいと飲んでしまう。

卓上にはコーヒーと同じ色をしたプレートがあって、そこには〈珈琲・紅茶のお代わりはご遠慮なくお申し付け下さい。味加減がお好みに合わないときは淹れ直しいたします〉とある。その言葉に寄りかかるように、すいっと飲み干して、お代わりを注いでもらう。淹れ直してほしいと思ったことは、これまでない。

お冷やのコップもまろやかな輪郭をしていると気が付く。真ん中がふくらんだ卵の形、こちらにもウエストのマークが入っている。プリンや、夏のコーヒーゼリーやオレンジゼリーの器にも使われている。買って帰り、おいしく食べてきれいに洗って、家で使っている私だ。龍一さんによると、そういうお客さんは少なくないそうだ。ふちすれすれまで水を注いで容量が140ミリリットルと小ぶりで、意外と見つけにくいサイズのコップで、なかなか便利なのだ。

これは龍一さんに言われるまで気が付かなかったことだが、ミルクピッチャーも、あえて把手《とって》が注ぎ口に直角になるように注文して作ったものだった。普通、注ぎ口のちょうど反対側に把手がくるものだが、日本の急須と同じように直角に付けた。そうしたほうが注ぎやすいだろう、というアイデアは先代の友一さんによるものだ。

さて、卓上から離れて、いつもレジの横に用意されている木製のコンポートも、ウエストらしさを形作っている道具のひとつだと思う。ケーキの見本を載せておくための道具だ。見本、といってもつくりものではなくて本物のケーキである。店の中では、サンプル台、と呼ばれている。これも先代の頃から使われていて、削ったり塗り直したりしながら使い続け、しかしどうしてもだんだんすり減ってきてしまうので、およそ10年ごとに作り替えているという。

このコンポートには、毎朝、開店前に、その日のケーキをウェイトレスたちがひとつずつ載せていく。17、18個載せるとずっしり重たくなるそうだ。

載せかたに特段の決めごとはないが、バタークリーム、生クリーム、チョコレートなど、味ごとにまとめておくようにしているらしい。

ケーキを注文すると、ウェイトレスがコンポートを捧げ持つようにして客席まで運んできてくれる。その形状ゆえにケーキの花束みたいだなあ、と、いつもぼうっと見とれて、ケーキのひとつずつに目をやるまでに少々時間がかかる。これ、と、すっと決められなくて待たせてしまい、申し訳ない気持ちになる。


クリームで飾られたケーキは目にもごちそうだ。

ある漫画に、中年の女が、眠っている10代の娘の肌をつくづく眺めて、生クリームみたいだ、とひとりごちる場面があったのを思い出した。生々しくて、艶《つや》やかで、それがおいしく味わえる時間はそう長くは保たないからこそ眺めていてうれしいし、見飽きないのだ、クリームは。

クリームの美しさに見とれてしまうのは、ひとつのケーキの中にあれやこれやと味の要素を詰め込んだり、派手に飾り付けたりしていないからだろう。ウエストのケーキは、引き算のお菓子である。

個人的には「バタークリームケーキ」をそういえばよく食べている。白いバタークリームと黄色いスポンジのみで構成され、上にくるみがぽんと載っかった、とてもシンプルなケーキだ。

生クリームよりも乳臭さがなく、でもちゃんと豊かな脂っこさがあって塩気が利いているバタークリームは、フォークでちょっとつついても崩れないくらいの固さがあるが口に入れるとたちまち、ひゅっと溶ける。柔らかくてこちらも口溶けのいいスポンジとくるみの苦みが、三位一体となって、なかなか他にはない味になる。

バタークリームを使ったケーキは、ウエストでは昔から途切れることなくずうっと作り続けられているという。

「もともと生クリームよりもバタークリームのほうが最初ですね。いっときバタークリームの人気が落ちた時代がありましたけど、ここへきてまた見直されてますよね。バタークリームには北海道の有塩バターを使っています。適度な塩気がないと、バターの脂臭さが出ちゃうんです」

バタークリームケーキに限らず、ウエストのケーキは、シュークリームも、ショートケーキも、その姿はごくシンプルだ。飴やマジパンを使って飾り付けることはしないのだ。おいしくないものをあえて載せても意味がない、というのがウエストのケーキ作りの決めごとである。

テーブルクロスと鉄砲百合

ここウエストで働くのには、どういうタイプの人が向いているのだろうか、龍一さんに訊いてみた。

「うちの社是《しゃぜ》が『真摯』ということで、要領よさそうな、調子のよさそうな人よりも、なるべく裏表がなくて朴訥《ぼくとつ》としていて、この人なら信用できそうだという人がいいですね。あとは、接客の場合は、なんといっても第一印象ですからね。笑顔がいいとか、話したときの印象が、好感が持てる」

なによりも「掃除と挨拶」が肝なのだと、龍一さんは言った。

「とにかくうちは先代の頃から、一に掃除、二に掃除。商売は、掃除だと、きつく言われてましたので。掃除と挨拶ができれば、あとのことは自然にできるはずだと。このふたつができていて、他が駄目という店を私は知りません」

龍一さんは、優しい目をして、どこまでも柔らかい口調で、きっぱりしたことを言う。ウエストが開店してちょうど5年目の1952年に、龍一さんは生まれた。35歳でウエストに入社し、2000年より、二代目社長としてウエストを取り仕切っている。

「仕事というのはディズニーランドに行くのとは違いますので、いきなり面白いなどということはあり得ないんです。続けることではじめて味わえる、プロの喜びを見つけてほしい」

朝、ウェイトレスたちの仕事は、テーブルクロス掛けからはじまる。18あるテーブルの上にぱりっとしたクロスを広げたら、両端を下からぴんと引っ張って、上下左右の長さを均等に、まっすぐに揃える。

営業中でも、コーヒーやクリームの染みなどの汚れがついたら替えられるように、予備を用意してある。クリーニング屋さんには、仕上げの際に折りたたまないようにお願いしているそうだ。では、どうやって持ち運ぶのかというと、塩ビの水道管を応用し、それを芯にしてくるくる巻き付けてしまっておく。だから、折りじわがつかない。

白いテーブルクロスは創業当時から使われている。ずっと変えないというのは、伝統を守る、という気持ちゆえだろうか。そう尋ねてみると、龍一さんは、うーん、となって、安《やす》普請《ぶしん》なんですよ、と、意外なことを言う。私がきょとんとしていたら、龍一さんはクロスをすっとめくって、テーブルそのものの姿をちらりと見せてくれた。ベニヤ板にゴムを貼ったチープなテーブルがあらわれた。たしかに、これだけぽんと置いてあったら、ずいぶん頼りないにちがいない。

倹約できるところは、きっちり削る。あれもこれも、高くていいものを揃えようと気張ってはいないことが、ウエストらしさのひとつかもしれない。

テーブルのエピソードに対して、椅子は注文して作ったもので、張られているウールのモケット地を理想どおりのココア色に染めてもらうところから、ウエストの全くのオリジナルである。

椅子の背にかけられたヘッドカバーは、ひと昔前までよく使われていた男性の整髪油、ポマードが椅子に付いてしまうのを防ぐために付けられたのがはじまりだそうだ。当初は、ウエストで働いていた方のおばあさんが手縫いしてくれていた。

「うちの椅子にぴったりのサイズがなかった。ちょっとでも緩いともう駄目なもんですからね。それに内職で作っていただいたほうが安上がりなもんですから」

背もたれが高いのと、きりっと白いヘッドカバーとが相まって、指定席の切符を買って乗るような電車の椅子を思わせもする。食堂車みたいだね、とお客さんに言われることもあると聞いた。

ヘッドカバーは週に1回、木曜日に交換する。もちろん、汚れたらその都度替えるのは当たり前。

ちなみに、2013年には椅子のウールモケット生地を8年ぶりに張り替えたという。

また、レースのカーテンは2週に1回替える。窓にかけられている、茶色を基調にしたストライプのカーテンは半年に1回替える。

2012年までは、蛍光灯の色を夏と冬とで変えていた。

「冬はね、ちょっと温かめな色にしていました」

まるで東京タワーのように、明かりも衣替えをしていたのだ。目にやさしい白色《はくしょく》のLED電球にしてからは、一年を通じて同じ色となっている。

2008年3月までは、壁も一年に1度塗り直していたが、喫茶室を禁煙としたためにたばこのやにが付くことがなくなり、それ以後は3年に1度となった。

「壁の色は一言でいえばクリーム色ですけれども、既製の色は使いません。白に赤、黄、黒の3色を加えて、最後は1滴1滴の調整で理想の色を作ります」

私はたばこは吸わないのだが、喫茶室の卓上に灰皿があり、そこに黒革表紙の豆本と見紛《みまが》うデザインの、二つ折りのケースに収められたマッチが添えられているという風景は好きだったので、ちとさみしい。

「先代はね、ヘビースモーカーだったんですよ。ですからもう、禁煙なんてとんでもない、喫茶店っていうのはたばこ吸いにくるとこじゃないか、って。事実ね、やっぱり常連さんで、禁煙にしてから来られなくなった方もずいぶんいらっしゃいます。まあ、それはもう、時代の流れで」

現在、喫茶室でたばこを吸えるのは、［青山ガーデン］のテラス席のみ。欅《けやき》の木を背景に、新聞を読みながらひとりたばこをくゆらせているおじさんの姿など見かけると、昔の喫茶文化が残されているようで、ほっとする。そういう風景を懐かしみ、愛着を持ち続けたいと思いもするのだが。

あのマッチは40年ほど使われていたという。禁煙に踏み切ってから6年が経とうとしているが、未だに、マッチはもうないんですか、とお客さんに声をかけられることは少なくないそうだ。

「うんと昔は、たしか普通の箱入りマッチでした」

40、50年ほど前に、ウエストの包装紙などを手がけるデザイナーが新しい人に代わった際に「レザーマッチ」として考案された。本革ではないが、ビニールに型押しして革を模した。他の店から、あれをうちでも使いたいのだがどうだろう、という話を持ちかけられたこともしばしばあった。

生花は週に2回替える。

鉄砲百合の白い花は、前述の、テーブルクロスとヘッドカバーの白色と相まって、ウエストのイメージを形作るパーツのひとつだ。鉄砲百合は、先代の友一さんが好きな花だった。とはいえ、よその喫茶店で鉄砲百合が飾られていると、ついウエストを連想しがちな私だ。喫茶室を訪れたときに花をよくよく注視してみると、鉄砲百合が生けてあるときも、季節を映した花のときもある、ということに気付いたのは最近のことだ。

「前は1種類のものだけが多かったですけど、私の代になってから、鉄砲百合以外は2種類のコンビで生けるようにしています。そのほうがきれいかな、と思いまして。やはり内装自体が安普請なものですから、なにかこう、目を引くものが欲しいですよね。ですからお花で季節感と、あとは清潔感。ええ。ま、それだけしかないんですけど」

レジに向かって右、喫茶室の中央には、大きなベートーベンの胸像が置かれている。創業当時、常連客のひとりだった骨董屋のあるじから贈られたものだそうだ。黒光りしていて、厳《いか》めしい顔はややうつむいており、ずいぶんと重厚だ。あるときふと、そのどっしりとした印象から、文鎮みたいだなと思った。頭の中でそう例えてみると、白いテーブルクロスがまるで便箋にも見えてくる。

この胸像は実際、ウエストの空気がふわふわ浮つき過ぎないようにするための重しとしての役割を担っているように思える。

ウェイトレスの姿

ウェイトレスとはどんな職業なのだろう?

「運ぶこと」が主たる任務である。厨房から飲みものや食べものを受け取って、お客さんの元に届ける。

あまりにも単純な仕事だと思われるかもしれない。

実は私は昔、京都の喫茶店で3年のあいだウェイトレスをしていた。それ以前は本屋の店頭で働いていて、どちらも接客業ではあるけれど、全然違う仕事だなあとしみじみ思っていた。

本屋にて、棚の前で逡巡しているお客さんは、まだ迷っているのだった。委《ゆだ》ねる、という段階にはまだ届かない。迷いをこじあけるように、どんなものをお探しですか、これがおすすめですよ、と知り合いでもないのに話しかけるのは、本屋にはそぐわない接客の仕方だ。ただ見守るのみだ。その時間が私には手持ち無沙汰であって、どうにも落ち着かなかった。もちろん、あくまでも個人的な感想ではある。

喫茶店では、お客さんがその場所に、迷いなく、とどまる。ドアを開けて入ってきたお客さんは、席に腰掛け、テーブルに向かって、そこにひととき、確実にとどまるのだ。

「とどまる」ということは、その場に身を委ねることでもある。安心して、くつろいでもらえるように、場を整えるために日々働いている者として、委ねてもらえることはとてもうれしかった、と思い出す。

そうそう、あくまでも「整える」という意識を持って働いていた。自分が経営する店だったら「作る」という気持ちで向かうだろう。厨房で飲みものや食べものをこしらえるときも「作る」にちがいない。けれども、誰かが作ったそういうものを、輝きを損なわないように磨いたり、なめらかに受け渡したりするのがウェイトレスの仕事だ。

京都で長く続く喫茶店「イノダコーヒ」本店にて店長を務めていた人から聞いたこんな言葉も思い出される。

「ほんまにお仕事自体は、ものすごく単純でしょ。小ちゃい子どもでも、コーヒー運べゆうたら運べる。しかし人と人のつながりがある、これがたいへんやと思うんです」

ウエストの喫茶室では、日々ウェイトレスが立ち働いている。その所作や、こちらがなにかしら注文したときの受け答えは、折り目正しいが、四角四面ではない。おぼえたことをただ繰り返すだけではない、柔らかさがある。ただ、ウェイトレスひとりひとり個々の印象を、それぞれに差異のある凹凸として刻み付けようとはしていない。

龍一さんはこう話す。

「あくまで我々は脇役だから、あんまり目立たないようにね。これは水商売の基本ですけど、アクセサリーなんかは基本的にはつけない。インテリアにしても、あんまり自己主張が強くなくて、空気のような、存在が気にならないように。いろいろなお客さまが、いろいろなオケージョンで、喫茶室を利用されるわけですけども、そこであんまり個性を強くしちゃうと、そちらに気が移っちゃう。それがいやだから。お客さま同士がお話しされるとか、くつろぐこと自体がやっぱりメインですから」

自分の存在を知らしめようと「押す」にはもちろん力が必要なのだが、反して「引く」ときにはその引き加減を測ることにかなりの神経を使わねばならない。引き下がり過ぎれば、存在そのものが消えてなくなってしまう。ちゃんとそこにいなくてはいけないのだけれど、殊更に目立ってはいけない。

ウエストのウェイトレスの制服は、襟にウエストのトレードマークであるフリッツ君のピンバッジを留めた白色のブラウス、その上に黒色のベストを着て、胸には名札を付ける。同じく黒色のタイトスカートは膝をちょうど隠すくらいの長さで、黒色の革靴を履く。

実はこのブラウス、中学、高校の制服用に売られているシャツだという。ぱっと見にはそんなことは分からない。

「スクールワイシャツといって、ものすごく安いんです。ふふふ。で、サイズが揃っている」

龍一さんは笑って言った。ここにもウエストの質実剛健ぶりが垣間見える。

その他、身なりについての決めごととしては、手の爪にマニキュアをすることは禁止、長い髪は黒か紺のリボンで後ろに束ねる、アクセサリーは小ぶりなピアスのみ可、などがある。

喫茶室の風景を描くには、ウェイトレスの姿が欠かせない。雑誌などで見かけるウエストの紹介記事にも、彼女らの立ち居振る舞いについての描写がたいていみられ、判で押したように「清楚」という言葉が使われている。制服をはじめ、彼女らの身なりはややストイックともいえるものだから、そういう言葉がちょうど似合うと思ってのことだろう。

清楚、という言葉は、男性を褒めるときにはあまり使われないものだ。とはいえ、国語辞典で引くと「(飾りけもなくて)すっきりと清らかなさま」とだけあって、使用を女性だけに限るとことわられてはいないのだけれど、つい私は、ウエストの喫茶室で接客をするのは女性だけと決められていると思い込んでいた。

先代が、学生時代に通っていた喫茶店、新宿三丁目[宿《じゅく》]の、BGMはクラシック、ウェイトレスは若い女の子のみというスタイルを、創業当時のウエストに取り入れたのはたしかだとしても、龍一さんによると、後者については今では「別にこだわっているわけでもない」らしい。人手が足りなければ、男性も白衣を着てお盆を持つという。龍一さん自身も、入社した頃、深夜1時まで店を開けていた時代にはウェイターをしていたと聞いた。柔軟ですね、と言うと、龍一さんはこともなげに「柔軟というか、なんでもやってたんですよ」と返すのだった。

ウエストにての、ウェイトレスとしての仕事について、銀座本店にて「レジ係」を務める服部桂子《はっとりけいこ》さんにお話を聞こう。レジ係とは、店長の下で、ウェイトレスたちをまとめる仕事である。

服部さんは1985年生まれ、東京は池袋出身、四年制大学を卒業してから、ウエストに就職して7年目だ。

………………

ああウエストだね、とお客さまに思っていただけるような雰囲気づくり

――――談・服部桂子さん

働くのであれば、おいしいところで、というのがまずありました。

ウエストは昔から父も母も好きで。祖父が家に来るときによくお土産で「ウエストのお菓子だよ」と、ドライケーキを買ってきてくれていたので、小さい頃から口にしていて、馴染みのあるお菓子でした。池袋に三越があった頃に、ウエストの売店が入ってまして、そこで母も祖父もよく買い物をしていました。

小さい頃にピアノを習ってまして、練習の合間のおやつにも母がドライケーキを買ってくれて。「ウォールナッツ」というココアベースの茶色い生地にくるみが入った商品があるんですけど、それが好きで。きょうだいが多かったんですけど、隙を狙って、さっと取ったりして。

大学では家政学科で食品の勉強をやっておりまして、できれば食品に関わる仕事がしたいなと探していました。大きいところではなく、規模の小さい、こぢんまりしたところでやれたらいいなと思って。あんまり大きいところだと自分が流れについていけないんじゃないかなと感じて。要領が悪いもので。不器用なんです。

他の洋菓子店ですとか和菓子店、調味料の会社ですとか、そういったところも受けたんですけど、小さいときの記憶がすごく強かったので、ウエストの内定をいただいて、もう即決してしまったんです。ここだったら頑張れるかもしれないって。お菓子が好き、この商品が好き、という大前提があったもので。

製造と販売という枠があって、池袋三越の思い出から、百貨店勤務に憧れがありまして、販売のほうに決めましたんですけども、喫茶室があるのでそちらになるかもしれないよ、と面接で言われました。かまいません、とお返事して、銀座本店の喫茶室配属になりました。私が入った当時は、喫茶室とおもての売店と両方やらせていただいていました。あ、ここでも販売できる、と、百貨店への憧れというのも少し薄れていって、与えられたところで頑張るように。いろいろな仕事をおぼえられるのが楽しくて。

売店は一期一会、一瞬一瞬が勝負。一瞬一瞬でお好みを判断しなければいけない。そのときの一言だけで印象が決まる。喫茶室はやはり皆さん1時間、2時間は滞在されるのが普通です。どれだけよい時間を過ごしていただくか、こちらもじっくり工夫ができる。

入って最初に仕事を教わったレジ係の久保田さんには「家に帰ったときに仕事のことを思い出さないようにしなさい」と言われたのをおぼえています。失敗したことを家に持ち帰ってくよくよ悩んでも仕方ないから、ここに来て、この時間の中で解決しなさい、またここで頑張りなさいと。

久保田さんは、あの方はコーヒーはミルクだけだから、とか、あの方はいつもスポーツ新聞をお読みになるから、とか、ほんとうにお客さまのことを逐一おぼえてらして、なおかつ機転の利く方でした。計算は必ずそろばんで、ぱちぱちぱちぱちって弾《はじ》いて。しかも、頭の中にもそろばんが入っている、と言っていました。

1年目の途中で目黒店に異動しまして、2年目の今頃に銀座に戻ってきました。それから丸5年になります。銀座のお客さまはちょっとおめかしをしてお出かけ、お買い物、という方が多いなあという印象があります。「銀座に行こう!」という意識を持っていらっしゃっている方が多いと思います。

空気のような存在、ないと困るけど、あるのに普段は気付かないというか、そういうサービスができたらいいなあと思っていますね。

お話しされている方の邪魔にならないようにというのは、みんな意識をしておりまして、お代わりですとか、あとは下げものがあってお客さまのテーブルに行くときも、打ち合わせなどですごくお話が盛り上がっていたら、コーヒー空っぽだけど今はちょっとやめておこうか、とか。いかがですかいかがですか、とお客さまのあいだに割って入ってしまってはいけない。

「音のカーテン」として、お客さま同士の会話が聞こえないように、ボリュームも大き過ぎず小さ過ぎず、クラシックを流しています。

けれども、やはり満席に近付くとどうしてもざわついてしまいます。そこでボリュームを大きくすると自然に声も大きくなるので、今度はＢＧＭが聴こえなくなって。昔はクラシックが流れていたのに今日は流れてなかった、とお客さまに言われてしまったことがありました。なかなか難しい。

曲を聴きにいらしている方も中にはいらっしゃって。お客さまから、あの曲ありますか、とお声掛けいただくこともあります。棚に並んでいるＣＤから探してかけて。昔からのお客さまで、四丁目の「山野楽器」からの帰りに寄られて、これをすぐ聴きたいからかけてほしいんです、と言う方もいらっしゃいます。今お気に入りのこの曲がこの空間でどんな風に聴こえるのか、聴いてみたいから流してほしいんです、という方も、最近いらっしゃいました。

ふっと耳に入った音楽が、昔聴いた曲だったりすると、そこから話が広がります。子どもの頃にこれ習った、と、はっとしてから聴き入っている方もいらっしゃいます。

後からウエストに入ってくる子を見ていて感じるのは、みんな「ウエスト好き」ですね。やっぱりうちのお菓子おいしいよね、っていう話に度々なりますし。お休みの日でもお友達を連れて来る者もおりますので。お休みなのに……あはは。みんな、そこまでウエストが好き、ウエストの商品が好き、という思いがすごくある。

上の方も社長も気さくで、アットホームな会社で、働いている者同士が近しい、安心して働ける職場だなと思います。工場との距離もそんなに遠いなあという感じはなく。連絡も密ですし。立場は違いますけど、同じものを作っている、同じところの人間だな、と。ほんとうに近しいところにいる。

店舗によって広さも違いますし、仕事の仕方は違うと思うんですけど、社是の「真摯」もありますし、きっとみんな、心がけとしては同じものを持ってます。それが、ああウエストだね、とお客さまに思っていただけるような雰囲気づくりに役立っているんですね。

……………………

本で読む、名曲喫茶の時代

私が昔、ウェイトレスとして働いていた京都の喫茶店は「喫茶ソワレ」という。１９４８年創業、ウエストよりひとつ年若い。

１９６０年代初頭のソワレの風景が記録されている本『京都味覚散歩』には〈ここの特色は、全く音楽をやらないことと。ジヤズは勿論クラッシックもやらない。これは全く珍しいことで、喫茶店といえば大なり小なりレコードをやるのが普通なのだが〉とある。ちなみに今でもソワレにＢＧＭはない。

レコードを聴くために、喫茶店に向かう時代があったのだと分かる。これは京都の話だが、東京でも同じだった。

東京の喫茶店の歴史を探る本『琥珀色の記憶　時代を彩った喫茶店』によれば、音楽を聴くことができる「名曲喫茶」は、昭和のはじめにあらわれた。戦後に、その数を増やし、人気を博す。名曲喫茶といえばクラシック音楽をかける店、と印象づけられたのは、当時世に出回っていたレコードはクラシックが主だったからだ。

生ではなく、録《と》って残された音楽をいつでも楽しめるようになった時代だった。そして、音楽を聴くということが、みんなで共有する娯楽から、個人の趣味に変わりはじめた頃でもある。

ただ単にレコードをかけるだけが名曲喫茶ではない。リクエストを受け付けたり、あらかじめプログラムを決めて、それを紙に刷ってお客さんに配り、事前に宣伝をしたり、いろいろと工夫がなされていた。

『琥珀色の記憶』は、東京でも新宿を軸にしている本で、そのため当時の新宿にあった主な名曲喫茶が〈風月堂をはじめとして、らんぶる、琥珀、スカラ座、でんえん、ウィーン、もん〉と挙げられている。また、らんぶるやスカラ座で配られていたプログラムも掲載されている。どちらの表紙にも「名曲と珈琲」とある。このふたつは分かち難く結ばれていたのだなあ。

新宿の他に名が挙がっているのは〈戦前からの老舗である渋谷のライオン、中野のクラシックをはじめ、銀座のウエストやエチュード、田園、神田のウィーンや丘、池袋の白鳥やコンサート・ホール、高田馬場のあらえびす〉などとある。

ウエストも登場する。

そう、創業当時のウエストは、グランドピアノをかたどったレコードプレーヤーが置かれた名曲喫茶だった。

「昔はね、新譜が出ると、レコード会社の宣伝のために、プログラムに取り入れて演奏していました。それを気に入ったお客さまがレコードを買う」

喫茶室は、大きな視聴室のような役割を果たしていたわけだ。

今、ウエストの喫茶室の卓上にある、お客さんが寄せた詩を週に一篇載せるフリーペーパー『風の詩』は、当時は『名曲の夕べ』と名付けられ、週ごとのプログラムを載せていた。

先代の友一さんは、有楽町や新橋の駅前にて、あるいは日比谷公会堂でクラシックコンサートが終わった頃合いに、自ら『名曲の夕べ』を配り歩くこともしたという。

『名曲の夕べ』には、今の『風の詩』と同じく、お客さんが書いた詩も載せていた。選者は、小説家の林芙美子。続いて詩人、小説家の高見順、やはり詩人の深尾須磨子らも詩を選び、評を書いてくれたという。友一さんの戦友の兄が文藝春秋社に勤めていたことから、このような縁が繋がった。

林芙美子が『名曲の夕べ』に寄せた文章の書き出しのところを、読んでみたい。
〈夜のなごりに愉しい音楽を聴ける茶房と云ふものは、かつての巴里《パリ》の夜々を想ひ出します。目をとめて、心をとめて、あるはひとゝきのその音色に漂ふ思ひ出…。今度、ウエストで詩の選をする事になり、この茶房にそのひとゝきを愛して集る方々から、心の音色を聴ける事は愉しい事です〉

ところで、今のウエストは果たして、名曲喫茶といえるだろうか。

ウエストでは今もクラシックが流れているけれども、かけるのはレコードからＣＤに代わった。

銀座本店を入ってすぐ左にある、天井まで届きそうなレコードキャビネットは往時の名残である。その中にぎっしり並ぶレコードは飾りとなっているのみなのは、ちょっともったいなくも思える。

先に引いた『琥珀色の記憶　時代を彩った喫茶店』には、１９６０年代半ばまで流行《はや》った名曲喫茶の多くは、１９７０年代に入ると消えていったとある。ソニーがウォークマンを発売し、好きな音楽をポケットに入れて持ち歩くことができるようになったのは1979年だ。いつでもどこでも音楽を耳にできるのがあたりまえだと認識されるようになってから、ずいぶん時間が経った。

先程の、ウェイトレスの服部さんの話にあったように、曲のリクエストをするお客さんもいる。けれど、どのくらいの頻度かというと月に1、2回だという。

私は、ウエストを名曲喫茶だと思ったことはない。名曲喫茶というのは、クラシックが大音量で流されそれに身を任せる、あるいは流れの底の小石のように全身を音楽に浸しそれを味わうべきところで、そこに飛び込むのには相応の覚悟がいる場所だ、私にとっては。

ウエストの扉はもっと気安く開けられるし、じっくり腰を据えて話をしたい人と連れ立って入りたい。音楽よりも、人と向かい合うのにぴったりの場所だなあ、やっぱり私はそう思っている。

今のウエストが名曲喫茶だという意識は、龍一さんにもあまりないそうだ。とはいえ、クラシック以外を流すことはしない。

「ジャズやポップスにしようとは思わないですね。やっぱりね、がらっとムードが変わっちゃう。ウエストじゃなくなっちゃいますよね」

ボリュームの調節には気を遣う。

「音が小さいと、会話が丸聞こえになっちゃう。すると、お客さまが喋らなくなってしまって、しぃーんとしてしまう。かといって、あんまり音が大きいと今度は会話が聞きづらくなって。ちょうどいい音量にしようと言ってるんですけど、難しいですね」

ウエストは、耳を澄まして音楽を聴く場所だった頃を経て、連れの話を聞き、そしてこちらもそれに応える、会話が主役の喫茶店となった。

青山ガーデン

地下鉄乃木坂駅のほど近く、青山にあるウエストは、幾度か姿を変えている。

１９５８年には、現在の南青山五丁目に売店を開いたのだが、東京オリンピックに向けて青山通りをそれまでの倍ほどに拡げる工事がはじまったため、４年後には閉店を余儀なくされてしまった。再び、南青山に喫茶室を作ったのは１９６７年のことだ。その青山店は２００８年に建て替えられた。隣接した土地を得て新築された「青山ガーデン」は、龍一さんの「自分が年をとっても落ち着ける、居心地がよくなるようなお店を作りたい」という願いを形にしたものだ。

1階が喫茶室とお菓子売り場で、3階がお菓子工場である。生ケーキはそのほとんどがここで作られている。それまではスポンジは日野工場で焼き上げ、六本木にあった小さな工場で仕上げをしていた。ちなみに2階はというと、かつて隣にあったレストラン「リストランテ山﨑」が入っている。

青山の喫茶室は、銀座本店よりもずいぶんとゆったりと広い。車椅子でも自在に移動できるように、席と席のあいだをじゅうぶんに空けてあって、窓からは陽の光が入り、外の景色を眺めることもできる。障子をイメージしたというその窓は直線が活《い》きたデザインがアール・デコ風でもある。

窓の外には、ガーデン、というだけに、小さいながらもちゃんと前庭もある。庭に植えられた欅の木の緑は、外苑東通りを越えた西側にある青山霊園の木々と溶け合っている。欅の木に包まれるように用意されたテラスは、外の空気とウエストの雰囲気の両方を味わえる貴重な席である。他の喫茶室は全て禁煙となったが、このテラスでのみ、たばこを吸うことができる。

およそ27ヘクタールという大きな墓地である青山霊園が、この界隈の風景を作っている。お墓というのはおいそれとは動かせないものだから、その上の空は都心にしては珍しく、ぽかんと広い。建ち並ぶビルのあいだをくぐって歩くようなせせこましさから、いっとき離れられる場所なのだ。園内をいろどる数百本の桜も素晴らしい。

そもそも、ここには美濃郡上（現・岐阜県郡上市八幡町）藩主であった青山家の下屋敷があった。ちなみに「青山」という地名はそこに由来する。１８７４年に墓地となる。後藤新平をはじめとする政治家たち、志賀直哉や星新一ら文人たちも眠っている。

外苑東通りを六本木方向へ向かうと国立新美術館がすぐそこだ。「青山ガーデン」のオープンの前年に、東京大学の研究所跡地に開館した。展覧会を観にくるついでに喫茶室に立ち寄るお客さんも少なくないという。

ここ「青山ガーデン」と、横浜高島屋３階に２０１３年にオープンした喫茶室「ベイカ

フェ ヨコハマ」では、ホットケーキを食することができる。

ウエストのホットケーキは、ひたすらに、ふわっとしている。はしっこも真ん中もふわふわだ。そのふわふわはどら焼きの皮を想起させもする。少しばかり冷めたとしても、変わらずふわっとしているからかもしれない。

軽やかに食べ進めていく途中で、けっこう食べ応えがあるなあと気付く。

ふわふわの秘訣はと尋ねてみると、日本製粉のホットケーキミックスに蜂蜜を加えたものだそうだ。なぜかというと、いろいろと配合を試してみて辿り着いたところが、日本製粉のものとほとんど同じだったと判明したためだ。おいしさを求めての試行錯誤の行きつくところはひとつだということか。

直径18センチのホットケーキには、四角く切り取られたバターが真ん中に載せられている。テーブルに運ばれてくるあいだに、ほどよくとろける。バターは2013年末に2割ほど量を増やした。お客さんからの要望があったことに加え、龍一さん自身の実感としても、ややバターの塗り足りなさがあったという。

シロップは銀色のピッチャーに入っていて、こちらは各々の好みでかける。

塩気のあるバター、香ばしく甘いメープルシロップ、どちらかだけを付けてみても、なにやら物足りない。正直言えば、ごく個人的には、バターもシロップも付けずに食べるのがいちばんいいと思っている。両方をじゅうぶんに浸み込ませるとまた別のお菓子に変わったような気がしてちょっと落ち着かない。いや、普通はこれがホットケーキの味だ、と言われるだろうけれど。

そもそも、龍一さんの知人から、おいしいホットケーキを出す店が見つからないから作ってほしい、との提案があってはじめたメニューだった。もし注文があまり入らないようであれば潔く外そう、それくらいの心づもりで。しかしたちまち、いちばんの人気を誇るメニューとなって、一日平均90枚から100枚の注文がある。これまでの一日の最高枚数は188枚だそうだ。注文するお客さんはじわじわと増え続けているというから、この記録を超える日もそう遠くはないだろう。

目黒店

新装される喫茶室もあれば、その歴史に幕を下ろした喫茶室もある。

目黒通り沿いにそびえ立つ大きなマンションの2階にあり、42年のあいだ愛され続けた目黒店は、2013年春に営業を終えた。

私の目黒店の思い出は10年ほど前にさかのぼる。その頃一緒に仕事をしていた、デザイン活動家のナガオカケンメイさんとの打ち合わせはいつも「じゃあまた目黒のウエストで」だった。コーヒーを何杯も飲みながらいろいろな話をした。

しかし、目黒店は一度も黒字になったことはなかった、龍一さんがそう言ったものだから、驚いた。

いつもとても混んでいたとはいえないけれど、他にお客がおらず寂しかったような記憶もない。だからこそ、落ち着いてじっくりと話ができたのだが。

「どの店も、喫茶部門だけ考えると全部赤字なんですね」

龍一さんは淡々とした口調で、決して明るくない話を続けた。

「もっと回転を速くして、例えばセルフサービスみたいな形にすればいいのかもしれませんが、基本的に、うちみたいなやりかただと、利益は出ませんよね。いろいろな方から、喫茶なんか全部やめちゃえばいいんじゃないの、デパートでお菓子とクッキーだけ売っていればうんと儲かる、と、よく言われるんです。けどね、うちの喫茶で、ほんとうにお客さまに喜んでいただいているという実感がありますのでね。ですから、これ以上増やそうとは思いませんけど、今ぐらいの規模ではやっていきたいなと思っています」

そうそう、ウエストは、そもそも喫茶室からはじまったのだから。

CONFECTIONERY WEST

銀座本店

「喫茶室」と呼ぶにふさわしい、背筋の伸びる空間。ほどよいボリュームで流れるクラシック、白いヘッドカバーがかけられた背の高い椅子、ふかふかしたグレーの絨毯、折り目正しいけれど決して格式張っていないウェイトレスのサービス。そしてもちろん、おいしいコーヒーとケーキ。すべてが完璧なバランスで調和して、ウエストの世界観を作り上げている。撮影のため開店30分前に伺うと、スタッフは掃除の真っ最中。ガラスを拭いたり、椅子の埃を払ったり、黙々と手を動かしていた。とても美しい光景だった。

AOYAMA GARDEN
WEST

青山ガーデン

銀座本店とは対照的に開放的な空間は、ホテルの喫茶ラウンジのよう。これだけの広さであれば何席も椅子をおけるところを、あえてゆったり配した贅沢な空間づかい、都心では貴重だ。週末には入り口のショウケース前に順番待ちの列ができることも少なくない。ホットケーキは流行りのパンケーキとは違った正統派の顔と味わいで、そこがまたウエストらしい。限定メニューとしてほかに、ホットスフレ、クレーム・ブリュレ、フォンダンショコラといったデザートのほか、シャンパンが飲めるのも青山らしくていい。

第二章

リーフパイとドライケーキ

頼りになるお土産、その条件とは

会った人にウエストの話を書いていると話せば、たいていは「ああ、リーフパイの！」という反応が返ってくる。

ウエストのお土産として、食べた人々にくっきりと印象を残すお菓子、リーフパイ、そしてドライケーキは、とても頼りになる東京土産である。

お菓子を包むパッケージから見てみよう。

つるっとして光沢のある包装紙は、濃いクリーム色だ。

白色の折り目正しさ、黄色の明るさのあいだにあるクリーム色は、この中に詰められているお菓子の焼き色と、なだらかにつながっている。

包装紙の上にかけられた極細のリボンは金色だ。金色は、めでたさをあらわす特別な色で、だから、きっととてもいいものが入っているにちがいない、と、こちらの期待も高まるというもの。

包みを解くと、包装紙とほぼ同じ色の紙箱があらわれる。箱の蓋にも金色で、手書きの筆致でお菓子の名前がある。その下には店名がやはり金色であしらわれている。ウエストは、しばしば金色を効果的に使っている。喫茶室の扉にある店名、コーヒーカップの受け皿の真ん中に置かれたトレードマーク、どれも金色で描かれているのだから。

さて、お土産選びの際には、おいしさや見栄えとはまた別に考えねばならない、現実的な問題があるのだが、ウエストのリーフパイとドライケーキは、そのあたりも心配がいらない。賞味期限まで35日間ある。

ひとつひとつ袋詰めされていて分け合いやすい。

その日のうちに切り分けて一緒に食べる、という時間は、おいそれとは作れない場合のほうが多いのではないか。その人その人の都合で食べてもらえて、贈った先方を煩わせないで済むのは、やっぱり有り難い。

ドライケーキ事始め

ドライケーキとはどういうお菓子かと尋ねられたら、私は、バターとナッツをたっぷり使った大ぶりのクッキー、と答えるだろう。そう、ケーキといって思い浮かぶイメージからは、ちょっと離れた形と味わいなのだ。

なぜ「クッキー」として売らずに「ドライケーキ」と名付けたのだろう。

「はじめの頃は小さいクッキーもやってたんですよ。それを大きくして缶入りにして、なにかクッキーとは別のネーミングがいいってことで、まあ、先代がね、適当に付けちゃったんですよ。ふふふ」

龍一さんが語る命名のエピソードは、ずいぶんのんびりとしたものだ。

おぼえやすくてどことなくハイカラではあって、でも和製英語、というあたりに、昭和ど真ん中のネーミング、という感がある。

ドライケーキを売り出すきっかけにも、まさに昭和らしい世相が反映されている。

ドライケーキが発売されたのは１９６２年、昭和37年だ。はじめての東京オリンピックが開催されたのが1964年で、その数年前から、都心の至る所で土木工事が大々的におこなわれていた。当時、ウエストは銀座本店の他に、青山店と麹町店をオープンさせたばかりだったが、道路の拡張工事のため立ち退きを強いられ、どちらも4年後に閉めざるを得なくなる。

銀座本店の状況はといえば、西銀座地下駐車場建設工事が2年にわたっておこなわれたため、面している外堀通りには足場が組まれ、杭《くい》を打つ音が響き、埃《ほこり》がもうもうと立って、人通りがほとんどなくなる。いきおい、客足が遠のいた。

店に来て食べてもらえないのなら、お土産になるお菓子を作ろう、と、友一さんが考案したのが、ドライケーキを売ることだった。

1963年には日本橋髙島屋の地下にはじめて売店を出し、もちろんそこにもドライケーキが並んだ。

リーフパイに使うバター

創業の翌年、1948年に、ウエストは銀座本店の向かいに小さな工場を造る。そこで作りはじめられたのがリーフパイだ。

材料は、バター、小麦粉、砂糖、卵のみと、きわめてシンプルなもので、そのうち、味を最も左右するのはバターだ。リーフパイをはじめとするパルミエやチーズバトンといったパイ菓子に使われるバターは、岩手のものが8割で、あと2割は東北各地から集めている。他のドライケーキや生ケーキに使われるバターは北海道産だが、同じバターでリーフパイを作ると、バターの香りが強過ぎてしつこさが出てしまう、と龍一さんは言う。

東北のバターは、色が白っぽくてあっさりしている。北海道のバターは黄色くてしっかりとこくがある。それが、出来上がったお菓子の味や色にそのまま映し出されている。

色の違いは、バターのもとを作り出す乳牛が食べる餌による。北海道の乳牛は、平地に放牧されて、青草を食べている場合が多い。青草には「カロテノイド」という色素が含まれていて、牛が青草を食べるとそれが牛乳の中にも移行する。牛乳が白色なのは、黄色い球体となった乳脂肪の周りを膜が覆っているからだ。生乳をバターに加工するあいだに脂肪球が割れて、黄色がおもてにあらわれる。バター、というものをイメージしてみるとき、いきおい黄色が思い浮かびがちなのは、国産のバターは90％近くが北海道産であるゆえだ。

20年ほど前に、東北のバターが足りなくなって、やむを得ず北海道のバターを半分混ぜてリーフパイを作ったことがあった。すると出荷して3日後に、お客さんから、味が変わった、と指摘があったという。

缶から紙へ

さて、これらドライケーキもリーフパイも、かつてはスチール缶に詰められていた。2010年よりそれが紙箱に変わった。正直、私は、紙箱のほうがお金がかからないんだろう、と勝手に勘ぐっていた。しかし実際はその反対で、ひとつひとつを包んでいる透明なフィルムの袋がおよそ5割高くなっていることを考えると、コストはむしろ紙箱のほうが高くなっているそうだ。

パッケージを、缶から紙に変えたわけのひとつは、運ぶ途中にドライケーキが割れてしまうのを防ぐためだった。たしかにスチールより紙は柔らかく、ドライケーキを内側から傷つけることは減るだろう。「それと、軽くなる」と、龍一さんは付け加えた。なるほどそこには気付かなかった。

かつて友一さんは「割れない菓子を作るのは簡単だが、それじゃ売れんだろ」と言っていたそうだ。反して、さっくりとした食べ応えを追っていくとどうしても割れやすくなってしまう。

「繊細な食感は命です。割れてはいけないけれど、割れなくてもいけない。〝こわれ〟はウエストのクッキーにとって永遠の課題です」

もうひとつの理由は、湿気を寄せ付けず、割きやすくて開けやすいフィルムが開発されたおかげだ。

「昔は、包装フィルムだけの状態ではすぐに湿気てしまったんですよ。最近は包装フィルムが格段に進歩しまして。ですから、もう缶の防湿性に頼る必要がなくなったというのがありますね。容器に入れないで放っといても1か月やそこらなんともないです」

缶入りのクッキーやお煎餅はどこか懐かしい佇まいをしている、そう思っていた。どうしてそういうイメージがつきまとうのかについて深く考えたことはなかった私だ。実際に昔は缶が主流だったから、懐かしく思うのがほんとうなのだ。

お菓子を包むパッケージについては、最新の技術が使われたものを常に求めている。そういう風なことを言った後に、龍一さんは「製造に関しては昔ながらの不器用な仕事を未だにしてると思いますよ」と付け加える。

ウエストのお菓子には、人工の香料や色素、保存料は使われていない。

そういえば、リーフパイを食べての感想を「うちでクッキーを焼くときの香りを思い出す」と言い表した人もいた。長く長く保たせたり、派手にいろどったりすることから離れた「昔ながらの不器用な」お菓子だからこそ、アットホームなおいしさや匂いと通ずるところがあるのだった。

ドライケーキの世界

●リーフパイ（1947〜）

ちょうど大人の手に持ちやすい、口に入れやすいサイズだ。齧《かじ》るにしても、あんぐり口を開かなくていいくらいの。

手で折ると、バターの香りがふわっと立つ。口に入れれば、パイが「さくさく」として、表面にまぶされた白ざらめは「ばりばり」音を立てる。このふたつの音が合わさるから、第一印象は「ぱりぱり」だ。

パイが口の中でもそっとせずにすうっと溶けていくところが、スーパーマーケットなどで売られているような駄菓子としてのパイ菓子とは一線を画すところだ。

白ざらめは後から溶けて、さっぱりとした甘みを残す。それが片面だけに付いているのが心憎い、という感想をくれた人はまた、繊細に見えるけど意外と食べていてぽろぽろかけらがこぼれることがない、とも言っていた。

●ヴィクトリア（1962〜）

ウエストのお菓子、といえばどんなものがあるだろうか、そう問うたとき、リーフパイの次に「あのジャムが載ってるお菓子」と、ヴィクトリアを挙げる人は少なくない。いちごジャムの鮮やかな赤色は記憶に残りやすいのか。実際に、いちばんの人気商品だという。

クッキー生地を敷いたタルト型にいちごジャムとスポンジケーキの生地を絞り、オーブンで焼く。焼き上がったら、ふちにクッキー生地をぐるりと絞り、中央にいちごジャムを載せ、もう一度焼く。

ジャムを載せる工程を機械化しようという提案がかつてあったらしい。工場長の竹内和《たけうちかず》之《ゆき》さん曰く「そうすると、うちのお菓子じゃなくなっちゃうんですよ」。

他のドライケーキと比べるとバターのこくは控えめで、そのかわり食べ出があって、適度にもさもさとしていて、昔食べた菓子パンの懐かしさ、というイメージも想起される。

実は、底にもいちごジャムが仕込まれていることに気付いたのは不覚にもついこのあいだだった私だ。いつも、上の赤色ばかり見ながらいそいそと食べていたのだった。

温めて食べると、いちごジャムの香りも立って、生地は「ほくほく」としておいしい。

ジャムのいちごは九州産のあまおうだ。

手土産に関しては一見識を持っている友人曰く、ヴィクトリアは、生地の甘さとジャムの甘酸っぱさが口中でせめぎあい、最後に甘酸っぱさが勝つ「名相撲」だという。「もろっ」と崩れるところがいい、とも。

●バタークッキー（1967〜）

カシューナッツクランチを混ぜて焼き上げた、きめの細かい肌合いのクッキー。

個人的にはドライケーキの中ではこれがいちばん好みだ。ひと袋に2枚入っていて得をした気持ちになるから、ではなくて、なかなかない食べ応えがとてもいいのだ。

噛《か》んだ瞬間にはさくっとして、噛みしめると「しこしこ」している。「粉のおいしさを活かす」ことを眼目に、腰の強い強力粉を使って作られたゆえだ。

●ウォールナッツ（1962〜）

オランダ「バンホーテン」のココアパウダーを混ぜた生地に砕いたくるみを練り込んで、

こねて焼き上げる。

くるみの苦みと脂っこさが、ココア生地の風味と相まって、落ち着いた味に仕上がっている。くるみの味わいはココア生地と相性がよい、ということを証明するお菓子。

●カシューナッツ（1967〜）

クッキー生地と、オランダ「バンホーテン」のココアパウダーを混ぜた生地を組み合わせ、中央にカシューナッツを一粒載せて焼き上げる。

味の異なる2種の生地とナッツを一緒に噛みしめるといちばんおいしい。そうしたときにバランスがいいように考えられた味なのだなあ、と感心する。

●マカダミアン（1991〜）

クッキー生地にマカダミアナッツを混ぜて焼き上げたお菓子。

他のナッツに比べるとマカダミアナッツは固いため、それに合わせて、生地に強力粉を薄力粉の倍以上配合している。

●パルミエ（1967〜）

パルミエとは、フランスで昔から愛されている焼き菓子の一種だ。ウエストでは、リーフパイと同じ東北産のバターを使った生地に、コーヒーパウダーを折り込み、表面にリーフパイよりやや控えめに白ざらめをまぶして焼き上げる。

食べ応えがリーフパイとは異なり「しょりしょり」している。そのわけは、生地の折りかたにある。折りたたんだパイ生地を輪切りにし、生地が重なった断面のハート形を活かして焼き上げるパルミエは、平らに持って齧ると、垂直に重なったパイ生地を、同じく垂直に噛むことになって、リーフパイよりもやや抵抗が生じ、それが食感にあらわれる。リーフパイの生地は水平に重なっているから、食感は「さくさく」と軽いのだ。

●塩クッキー（2012〜）

モンゴルの岩塩を使ったクッキー。

ナッツを使わず、プレーンな材料でなにか新しいお菓子を作りたいという提案から出来上がった。

●ガレット（1988〜）

真ん中にオーストラリア産のマカダミアナッツを一粒載せて、北海道産のバターを最もたっぷり使ったお菓子。そのため、口当たりが殊更に贅沢に感じられる。

よく見ると、ヴィクトリアと同じ形をしている。表面に卵の黄身を塗って賽《さい》の目《め》にカットした生地を菊型の中に置いて焼くと、型いっぱいに膨らむそうで、これまた目を凝らすと、マカダミアナッツを囲むように四角く元の生地の形が残っている。ちなみに、卵黄を塗るのは、ナッツが下に沈まないようにするためだ。

●アーモンドタルト（2006〜）

アーモンドをおいしく食べるための、アーモンドずくめのお菓子。

飴を絡ませたアーモンドスライスを、アーモンドパウダーを練り込んだサブレ生地に載せて焼き上げる。

下に敷かれたサブレ生地よりも、上に載せたアーモンドスライスの層のほうが倍くらいに分厚い。アーモンドスライスに絡む飴はしっかり甘くて歯ごたえはぱりっとしていて、アーモンドの香ばしさを後押ししている。そのアーモンドスライスは0・9ミリの厚さに揃えてある。サブレストに使うものよりも0・1ミリ厚い。サブレストと同じ厚さのものを使うと割れてしまいがちなのだそうだ。また、サブレ生地にアーモンドスライスを載せるときにはスライス同士のあいだに空気の層を作ることを心がけている。するとその隙間のおかげで割れにくくなるそうだ。

一宮工場（94ページ参照）を見学した際、アーモンドタルトの製作風景を見せてもらった。飴を溶かすのにはミルクパンくらいの大きさの手鍋を使い、固まらないうちにアーモンドスライスに絡め、スプーンで載せていく。その作業は龍一さんが「かわいそうになるくらいに手がかかります」と言うほどにスピードと細やかさを必要とするものだ。とはいえ、アメリカで食べた、固過ぎて甘過ぎるけれどおいしかったアーモンドタルトの思い出を、ウエスト流に、デリケートなお菓子として昇華してもらいたい、と提案したのも龍一さんである。

工場では一日800個が作られる。

●サブレストとプチサブレスト（1991〜&2012〜）

クッキー生地にアーモンドスライスを加えて焼き上げたお菓子。粉に包まれたアーモンドを食べている、という印象を受けるくらい、アーモンドの活きたお菓子。

このサブレストよりも「小さくて薄くて繊細な食べ口のもの」なる龍一さんの提案をもとに考案されたのがプチサブレストだ。ココア味も用意されているのはこちらプチサブレストのみ。焦げ茶色の生地とアーモンドのクリーム色とのコントラストがきれいだ。

●チーズバトン（1995〜）

パイ生地にオランダ産のエダムチーズを混ぜて棒状に焼き上げた。

手に取って口に入れようとするとき、すでにチーズの香りが鼻に届いている。

甘いものが苦手だから、ウエストのお菓子ではエダムチーズの塩味が利いているチーズバトンがいちばん好きだという人もいる。その人はウイスキーを飲みながらチーズバトンを齧っては「うまい棒」くらいの太さがあったらいいだろうな、と言っていたが、人の指くらいの細さだからこそ、食べている姿が粋に見えるのになあと私は思った。

余談だが、ウエストの喫茶室で出されるサンドイッチも、バーで食べたらいいつまみになるだろうな、と思わされる。味の輪郭がくっきりしていて、食べやすいように小さくカットしてあるところがそう思わせるのだろうか。

●ダークフルーツケーキ（1947〜）

黒蜜を入れたバターケーキ生地に、3か月のあいだブランデーとラム酒に漬け込んだレーズン、プラム、オレンジピール、レモンピール、チェリー、くるみを入れて焼き上げた、どっしり、しっとりしたお菓子。

個人的には最もよく食べているウエストのお菓子だ。あらためて味わってみると、レモンピールの清涼感が洋酒の香りと響き合っていると分かる。くるみが入っていることで全体に柔らかい口当たりの中に程よく固さが混じる。

ウエストでは長いこと作られ続けているお菓子のひとつだ。当初は大ぶりだったという。今のように切らずに食べられる小さなサイズに変わったのもずいぶん前のことらしい。

●リトルリーフ（1966〜）

リーフパイは全て一宮工場で作られているが、こちらリトルリーフは日野工場製だ。工場長の竹内さん曰く「向こうにはベテランが揃ってますのでね」。小さくても全く同じ工程を経て作るので、殊更に手がかかるのだという。ちなみに、原材料もリーフパイと全く変わらない。

●ポロン（1995〜）

砕いたナッツを混ぜた生地を丸く焼いて、粉糖をまぶしたお菓子。使われているナッツは、白はアーモンド、ココアはくるみ、抹茶はマカダミアだ。

スペインの「ポルボロン」というお菓子をヒントにして「ぽろぽろとすぐ崩れてしまいそうな、粉でまわりを包んだお菓子」というイメージでこしらえた。

試作の段階では、まわりにまぶした粉糖が水分を吸って湿気てしまうことが悩みだったという。それを防ぐために、粒子をオイルコーティングした「泣きにくい」粉糖を製菓材料問屋［池伝］に注文して作ってもらった。国内ではじめての試みだったそうだ。それは今「デコレーションシュガー」と名付けられて商品化されている。

販売しはじめた当初は白のみで、その頃はヘーゼルナッツをクッキー生地で包んで焼き上げていたそうだ。

なぜか私はポロンを食べる度「これは男の人が好むだろう」といつも思っている。どうやら私は口の中にぽいと放り込むことができるお菓子、というのは男の人向きだと思い込んでいる節があるようだ。

●フルーツバー（2010〜）

レーズン、ドライマンゴー、ブルーベリーとクランベリーの砂糖漬けが入った棒状のケーキ。

龍一さんが、スポーツをするときに食べる「エナジーバー」になかなか気に入った味がない、という悩みをきっかけに作られた。自然の食品で早くエネルギーになりやすい果糖が摂《と》れるドライフルーツをふんだんに使っている。

同じくドライフルーツを入れた「ダークフルーツケーキ」とは、しっかりした甘さとこくのあるお菓子、というところは同じでも、使われている果物の種類がレーズンを除いて全て異なる。また、フルーツバーには洋酒が入っていない。

試食という大事な仕事

ウエストの工場と喫茶室には、ドライケーキの試食係が大勢いる。なぜかというと、ひとり1種類を受け持っているからだ。歯触り、固さ、色などの見た目、甘さをチェックして、記録を付けることが日課だ。

「素材、配合、成形、焼き、たくさんの要素が合わさって風味や食感が形成される。毎日同じものを食べないと、その違いが分からないものですから」と龍一さんは言った。

どのお菓子を担当するかは、いかに割り振られるのだろう。

「基本的には、立候補制にして好きなものをということで」

ちなみに、銀座本店の店長、千葉雅夫《ちばまさお》さんはチーズバトン、レジ係の服部桂子さんはカシューナッツを担当している。今日のカシューはちょっと柔らかかった気がするけどどう思いますか、などと、スタッフ同士で感想を言い合ったりもするそうだ。

金秋さんの話

ウエストのお菓子の基礎を固めたのは、創業者である友一さんの叔父、依田金秋《よだかねあき》さんである。

「ちゃんと山高帽かぶって、ぱりぱりに糊の利いたコックコートを着て、とにかくぴしーっとしてましたね」というのが龍一さんに聞いた金秋さんの印象だ。

金秋さんは１９０４年生まれ。日本郵船出身だった。

優雅に外国旅行をするといえば豪華客船、そういう時代があった。１９３０年代が全盛期だったという。数十日に及ぶ航海のあいだ、舌の肥えた乗客を飽きさせないために、客船の厨房をあずかる人々はメニューに工夫を凝らした。

「毎晩毎晩違うメニューを提供しなきゃいけないので、バラエティと技術が要求された。そういう意味で、船のコックがいちばん技術があるという風な評価を当時受けていたという話を聞きました」と龍一さんは言う。

戦争をはさんで、外国への渡航手段は船から飛行機へと変わった。そこで陸へ上がった料理人たちは、レストランなどに入って技術を伝えることになる。

「金秋さんと、その盟友の名取さんという人は、洋菓子業界ではけっこう名前の通った人で、しっかりした仕事をして。うちのお菓子の基本を作ってくれました。金秋さんは、おだやかで優しい人でした。ただ作業に入ると顔つきが変わる。正直、作業しているときは、話しかけづらかった。それと持って生まれた威厳みたいなものがありましたのでね」

金秋さんの後を継ぎ、ウエストのお菓子を形作ってきた前工場長の田中栄二《たなかえいじ》さんはそう言う。さらに、龍一さんが言葉を添える。

「それまでは、郵船でおぼえてきたフランス菓子のレシピそのままに作っているという形だったんです。田中が入るまでは、年齢的にも先代より製造の責任者が上で、昔気質《かたぎ》の親分肌だったもんで、先代は作るほうは素人ですしね、提案をしても、なかなか受け入れてもらえなかった。田中は先代の突飛な意見でも真面目に聞き入れて、やってみましょうと言う。先代は、はじめて僕の言うことをちゃんとうけとめてくれる製造の人間ができたんだ、と、ひじょうに田中のことを信頼していました。それから、ドラスティックなウエスト流の改革がはじまったんですよ」

田中さんは１９６３年から２０１３年まで、ちょうど50年のあいだウエストに勤めていた。その田中さんに、友一さんに「お菓子に使う砂糖をなるべく減らしたい。半分にとはいわないまでも、できるところまで」と提案されたところからの話を聞こう。

……………………

いいかげんなものを出すと1年2年で駄目になっちゃう

――談・田中栄二さん

私自身はわりあい、チャレンジするのが好きだったもんですから、そんならどこまでできるかやってみましょう、って。ノーと言えないタイプなんで、後でもんもんとするんですけどね。どうしても糖分減らすとぱさぱさになる。水飴かなにかと置き換えればもうちょっと減らせるんじゃないか、というようなかたちで一応やってみました。その結果、半分は無理なんですけどね、3割減くらいにできました。終戦直後から我々が入った頃までは、お菓子というと甘けりゃいいっていう時代だったんですよ。甘さに飢えているみたいな時代ですから、あと、甘いとすごく日保ちはするし。でも、せっかくいい材料使っても、甘過ぎると材料の持ち味をみんなこわしちゃう。ですから先代の言っていることは間違っていないと、肝に銘じました。

先代によく言われたのが「ごまかしたような商品は作らない。あくまで本物を追求してお菓子を作ってくれ」って。要するに「真摯」ということです。

それにはやっぱり材料もそれぞれ、粉は粉のおいしさ、バターはバターのおいしさが出るように。バターも、パイに向くバターと、普通のクッキーに向くのと、色分けしています。

「君たちがいくら腕ふるっていいお菓子を作っても、私自身が納得しなきゃ店へ出さないから、気ぃ悪くしないでくれ」とも先代に言われました。それは今の社長になってからも受け継がれて、しっかり守ってやっています。ですから、なにか試作すると、私のほうである程度見て、これなら見せられるなと思ったものをまず社長に送って、社長のオーケーが出れば出すし、ノーならまたやり直す。私もけっこうしつこくチャレンジするほうなんです。

新しいお菓子を作るときに、普通は、いくらのを売るからいくらぐらいで作ってくれ、というのが、よその洋菓子屋ではだいたい決まりごとみたいなもんですよ。でもうちの場合は、好きな材料で作れるわけなんです。それがものすごく楽でした。こっちもいろいろとね、考えながらやっていけます。

１９８０年頃までは、うちのリーフパイはずいぶん大きかったんですよ。「わらじ」だとか言われていたくらい。並行して作っていた、ドライケーキと詰め合わせるためのリーフパイは小さめだったんです。小さいほうが、おいしいんですよ。大きいと、平らに伸《の》しても、麺棒の力の当たり具合で凸凹ができる。そうすると、食感がどうしてもあんまり面白くない。食べ比べれば、十人が十人、小さいほうがおいしいと言うんですよ。それで思い切って、どうしたって旨いから小さくしようよ、と。それからですね、見違えるように動き出しました。

「おいしかったわ」って、うれしいお言葉がいちばんんね、我々は励みになるんですけど、まあ、そういう話ばっかしじゃないです。いかに確実なものを出すか。それには、日頃ひとつひとつ小さなことに目を向けていかないと。やっぱり、慣れっていうのがいちばんこわいんですよ。ありますよ、あんとき一言言っときゃよかったなってこと。

失敗して、黙って出しちゃう奴もいるでしょう。そういうことだけはしないで、間違いは間違い、駄目なものは駄目なんだから、また作り直せばいいし、間に合わなきゃ、お店に頼んで、今日は欠品しますってかたちでやればいい。先代も今の社長も、欠品が出ても文句を言わない。そういう面でもすごく助かりました。

日野では、焼き上がったものは女性の目で検品されます。うちの女性は厳しくて、なにたるんでこんなもの作ってるんだ、って怒られることもある。それでいいと思ってるんです。職人っていうのはプライドありますんで、おれが作ったものはいいんだって、そういうつもりで出しますけど、やっぱり、女性の目は厳しいですからね。

正直言って、うちはけっこう高いお代いただいてますので、それに合ったものを出さないと。嗜好品だし、人気あって買ってもらっているものだから。いいかげんなものを出すと1年2年で駄目になっちゃう。

ウエストに来る前には、他のお菓子屋に2軒ばかり勤めてまして。その時代の洋菓子の職人っていうのは、だいたいある店に1年から3年ぐらいいて仕事をおぼえると、また次の店へ行って、それでキャリアを積む。それで、次はどこ行こうかと思ってたときに、ちょうどウエストに、日本郵船、客船の中で料理だとかお菓子を作っていた有名な人、業界で名前の通った、しっかりした仕事をする人が二人ばかりいるというので。どうせならそういう人の仕事をおぼえたほうがいい、と。ハイレベルの仕事をおぼえておけば、つぶしが利く、言いかたはおかしいですけど、ちょっと下がっても対応できる。つてを頼って22歳で入社したというわけなんです。ドライケーキ、リーフパイは、すでにはじまってました。最初は恵比寿工場に2年ぐらいおりましてね、日野に新しい工場を造ってそっちへ越したんですよね。ちょうどその頃からうちがどんどん伸びはじめまして、だいたい二桁くらいの伸びがずうっと続きましたのであっという間に手狭になって、それから増築増築ということになりました。

正直言って、仕事はハードできつい面もありましたけれど、やっぱり楽しかったです。まあ、ちょっと言いかたはたるんでるんですけど、なんでも楽しみながらやってた。新しい発見が、けっこうありますんでね。

……………………

一宮工場へ

ウエストの菓子工場はふたつある。

東京の西の外れに日野工場、山梨に一宮工場。

龍一さんが幼い頃には、工場はまだ東京都心にあった。

「小さい頃からね、しょっちゅう、店やら工場やら、一緒に連れてかれて。なんとなくおぼろげながら記憶はありますね」

記憶に残っている風景はどんなものだったろう。

「風景というか、匂いですね。店に来るとコーヒーの匂いがぷーんとしましたし。工場へ行くとクッキーの焼ける匂いがいつもして。その匂いは原体験としてしみついてますよね」

日野工場が造られたのは１９６５年のことだ。家屋２軒ぶんくらいの土地に建っている小体な工場で、当時はがらんとしていた周りの土地は今や住宅街になっている。

ウエストの看板でもあるリーフパイは、全て一宮で作られている。普段は一日５万枚、11月後半から年末にかけては10万枚を数えると聞いた。ドライケーキの７割近くもそこで製造されている。

一宮工場は、龍一さんがウエストに入社してからの１９９０年にできた。

友一さんのふるさとは山梨だ。それゆえにそこに工場を造ったのだろうか。

それだけが理由じゃないんです、と龍一さんは言った。

「クッキーというのは湿気をいちばん嫌うんですね。ですから、海沿いのところはまずアウトですね。内陸で、東京への物流の便がよくて、っていうことで、今のところに決まったんです。うちの工場は高床式なんですよ。湿気が下から来ないようにと、土台を１メートルくらい高くしてあります」

工場見学に出かける前に、見どころはどこだろうか、龍一さんに訊いてみた。

「やっぱり、全部手で成形しているというところを見ていただきたいですね。まあ、いかに人が多いかということ、原価が高いということが分かっていただけるかなと……ふふふ」

さあ、一宮工場へ。

新宿駅から乗り込んだ特急「スーパーあずさ」で向かう。最寄りのJR石和温泉駅まではおよそ1時間40分だ。目的地に近付くにつれ、車窓からの風景に、葡萄畑が目立ちはじめる。ワイン造りのための葡萄だ。山梨県にはワイナリーがおよそ80あって、その数はむろん日本一である。「洋菓子」イコール「ハイカラ」なもので、それはワインも同じことだなあ、そもそもは舶来のお酒なのだから、などとぼんやり考えつつ列車に揺られていた。

1990年に操業をはじめた一宮工場は、工業団地の一角にある。分譲される以前は、葡萄や桃の畑だった場所だ。

そこにあったのは、工場、という言葉からイメージされる建物ではなかった。街なかから離れた、景色のいいところにある、瀟洒《しょうしゃ》なホテルのようだった。

工場の前には芝生が広がり、桜の木が植えられている。

直売しているお菓子を買いに訪れたと思《おぼ》しき女の人たちが、ちょうど紅葉していた桜の木の前で記念撮影をしていた。

少し離れて、その光景を眺めているとあたたかい香りが届く。工場のおもてに流れ出す、お菓子を焼く匂いだ。

ドライケーキをこしらえて、ひとつずつ袋に詰め、さらに箱に並べ入れて、包装紙で包み、リボンをかけて配送センターに送り出すところまでがここでおこなわれている。

案内してくれるのは、工場長の竹内和之さんだ。

竹内さんは1950年生まれで、前工場長の田中さんとはちょうど10歳違いだ。チョコレートやキャンディーを手がけるメーカーを経て、ウエストに入る。一宮工場のはじまりからずっとここにいる。

人の手が作るお菓子

まず通されたのは、いちばん大きな部屋である。

そこでは白衣を身につけた30人余りの職人たちが、黙々と、生地をこねたり伸したりしていた。

「お菓子全てがこの部屋を通ります」と竹内さんは言った。お菓子が作られる工程を見ようとするこちらも必ず通らなければならないのだ。

通称は「冷房室」だそうだ。とはいえ、温度よりも湿度が重要なんです、と竹内さんは言う。室温は20℃を超えないように、湿度は50％以下に保たれている。

工場のあちらこちらを見て歩きながらとったメモを後から見返すと、やけに大きな字で書いた言葉が３つあった。

簡潔

生真面目

手早い

「ほんとにシンプルな材料しか使っていません」

簡潔、というのは竹内さんのその言葉にあらわれている。

材料の柱となる小麦粉、砂糖、バター、どれも白色から黄色のあいだの柔らかな色をしている。だから、プチサブレストのココア生地の濃い茶色や、ヴィクトリアに載せられたいちごジャムの赤色は、ここではとても珍しいものとして目に飛び込んでくる。

それと同じく、お菓子作りに向かっている職人たちがはめている手袋の水色も、とても鮮やかに見える。そのことを竹内さんに言うと、本来はもっと抑えた色の手袋を使いたいのだけれど、それだと扱う素材とのコントラストが弱すぎて、万が一手袋が破れたり、ちぎれた部分がお菓子に混ざったりしたときに判別しにくいため、あえて水色にしているとのことだった。


前工場長の田中さんが「やっぱり道具は、おおげさに言えば昔の武士の刀」と言っていたのを思い出しながら、職人たちの手元を注視する。刀に例えたのは、立派なもの、という意味ではなくて、自在に使いこなせるということだろう。各々、自分の使う麺棒やナイフには名前やマークなどを入れているとも聞いた。リーフパイの生地を伸す作業をしている職人が握っている朴《ほお》の木の麺棒の側面には、野球のボールの絵が描かれている。ウエストに入りたてだというその人は、元野球部だとのこと。なるほど。

竹内さんによれば、麺棒は3、4か月で新しいものに替えるそうだ。

「砂糖の粒が粗いので目に食い込みやすい。どんどん減っていっちゃう。麺棒にもその人の個性が出るから、減り具合が違うんです」

薄い板状に伸されたリーフパイの生地は、菊の花をかたどった型でぽんぽんと抜かれていく。白ざらめがたっぷり敷かれた台の上にそれをのせ、さらに麺棒で縦にぐーっと延ばすと、花が葉に姿を変えた。輪郭が、リーフパイの完成形に近付いた。花が先、青葉はその後、そんなところから桜を想起する。リーフパイそのものは桜の葉よりもっと細長い形をしているのではあるが。

白ざらめがまぶされたその葉に「筋入れ」する、つまり葉脈を描く作業は、見飽きない。パイローラーで、迷いなくすっすっと引いていく。軽やかだ。

筋は7本入れることになっている。

「真ん中1本、両サイド3本。伸しもそうですけど、この筋を入れるのには、その人その人の特徴が出ます。みんな角度も違うし。機械が作ったみたいに同じ幅にしなさいってことは一切言わないです。三十数年前、筋の型を作ったことがあります。スタンプみたいにぽんぽん押す。すると見た目に面白みがない。味がある、温かみがある、手作業に戻しました。時間は3、4倍かかるんですけど」

手が疲れないように、パイローラーの持ち手には各々太い輪ゴムを巻く。新潟は燕で作られたもので、ここでは「パイ車《しゃ》」と呼ばれている。あるとき、製造中止になるかもしれないという危機が訪れ、300、400個仕入れたが、その後めでたく持ち直したそうだ。

筋入れをした生地は、30分置いてからオーブンで焼く。

「リーフパイの配合は、僕が入ってから一切変わってないです。他のものは僕がけっこういじったんですけど、これだけは手をつけてないです。お客さまで、もっと〝もっそり〟したほうがいいわ、という方もいらっしゃるでしょうけど、うちが目指しているのは、さっくり感！」

竹内さんは、ここぞとばかりに力を込めてそう言った。

出来立てのリーフパイと、5分置いたリーフパイ、両方を試食させてもらった。

焼き立ては、クロワッサンなどのバターたっぷりのパンを思わせる。バターの香りが立ちすぎてややくどいかなあ、という印象だ。5分置いたものは、香ばしさがちょうどよくなる。その香ばしさは袋を開けて食べるいつものリーフパイよりもたしかに勝っている。そして歯触りがより軽やかに感じられる。

この工場での味わいを再現するには、オーブントースターで約1分温めてから人肌くらいまで冷ますといいそうだ。ちなみに、喫茶室でリーフパイを注文するときも、お願いすれば温めてもらえるそうだ。この方法は他のドライケーキにもたいてい応用できる。

製造に携わる職人は50名。うち、女性は10名。繁忙期はさらに10名が加わる。

出勤時間は、製造は朝7時、包装は朝8時20分だ。お菓子が焼き上がってからでないと包装はできないため、時間をずらしている。

8時間労働で、お昼休みは1時間。

私語厳禁、というわけではないそうだが、集中しているためかお喋りはほとんど聞こえなかった。

「その人その人、いろいろな考えかた、やりかたがある。うちは、結果がよければプロセスはどうでもいいと言っているんです。みんな、自分で結果を見ながら調整しています。だからみんな格好が違う」

なるほど、同じ作業をしていても、手の動かしかたや道具の持ちかたは異なる。

「バターの積みかたにも性格が出る」

目指すところはひとつ、そこに辿り着けばいい、そうは言うものの、互い違いに積み上げられた板状のバターのタワーは、オブジェ、はたまた建築物のようで美しい。目指すところがまっとうならば、やはりプロセスも美しいのではないか。

職人はみんな、精一杯に動いている。仕事に向かう緊張感はあるが、傍《そば》で見ているこちらをも緊張させる類いのものではない。むしろ、どことなく、のどかに見えもする。そんな感想を述べようものなら、こんなに忙しいのに、なにを呑気なことを、と返されるやもしれないけれど、漂ういい匂いがのどかさを後押ししているのか。

もし今、自分にあまり自信が持てなくて、もやもや、うじうじしていたなら、こういう働きかたをしている人たちの姿を、つくづくうらやましく見つめるだろうなあと思う。ここの一員になってみたい、ここで働きたい、と願うだろう。

焼き上げられたお菓子は、検品を経て、包装される。ふたつの仕上げの仕事は同じ部屋におこなわれていた。箱詰めと包装は機械じかけであることがとても意外だったのは、お菓子作りの工程を見ながら、それを形作る人の手をもここまでずうっと見てきたからだろう。とはいえ工場の操業開始から、包装は機械を使っておこなっているそうだ。

仕上げの仕上げ、クリーム色のつやつやした包装紙の上から金色のリボンをかけるための作業台の上には機械はない。人の手が、リボンを一本一本結んでいる。

この工場の風景は、ひょいと行ってのぞき見ることはできない。見学の受け付けはしていないのだ。人手が足りないからだそうだが、もしできることなら、見たいという人にはなるべく見てほしい、見てもらえたらいいだろうと思った。なぜならば、見学させてもらったのち、ますますウエストのお菓子がおいしく感じられるようになったからだ。より、贔屓《ひいき》したくなった。そういう心持ちにさせられる風景だった。

どうしても手作業に戻っちゃうんですよね
――談・竹内和之さん

材料に関しては、よく言われることなんですけど「吟味」ですね。

ほんとにシンプルな材料しか使っていません。

田中さんが口を酸っぱくして言っていたことがあります。

「いい材料を揃えて、丁寧な仕事をする。早く、ではなくて、しっかりした仕事をする」

僕がウエストに来る前にいたところには、棚に香料がだーっと並んでいましたけど、いい材料を使えば必要ないんだ、と思いました。

材料はなんでも新しければいいという風潮がありますけど、新しくていいものといえば、うちでは卵くらいですね。

小麦粉はひいてから2週間寝かせる。

バターも製造から3か月経ったものを使います。メーカーで熟成させてもらってます。発酵ではないんです、熟成です。味も塩分が行き渡ってまろやかになり、香りもよくなります。作りたては色は真っ白だけど、乳臭くて、塩分がつーんとくる。これはうちが求めているものではないと分かりました。3か月というのは、何回かテストしてはじき出しました。

省力化を考えて、機械化に挑戦したことは何度もあります。機械屋さんを呼ぶと、今の人数の3分の1でできます、と簡単に言う。でも、機械は正直過ぎるんですね。人間は柔軟に、調整ができる。どうしても手作業に戻っちゃうんですよね。

以前はとにかく、工場は職人を育てればいいんだという感じでした。今は職人をマネジメントする人が必要です。そう簡単には一人前にはなれませんし。5年、10年先を考えていかないと。お菓子を作るだけじゃなくて、開発能力も必要だし。

僕がいちばんウエストに惹かれたのは、先代の一言ですよ。

「都民1000万人のうちの1%、10万人くらいは僕らと同じ舌の感覚の人がいるんじゃないか。その人たちを信じて商売をしよう」と。

その考えかた自体がぶれない。一貫している。とにかく、うさぎより亀だと。奇をてらったことは考えるなと、自分の舌を信じて商品構成をして。素晴らしい経営哲学だと思いました。

……………………

食堂の賄い

私もまだ口にしたことのない、ウエストの工場だけの、うらやましい味がある。食堂専門の料理人が作る賄《まかな》いだ。

「ごちそう、と言うとおかしいんですけど、うちの工場の賄いは素晴らしいんです」

田中さんはにこにこと言っていた。

「働く人たちがいろいろリクエストをして、その上でほんとにおいしいものを作ってくれていて、助かっています」

例えば秋には松茸ごはんに栗ごはん、さらには11月下旬から年末にかけての繁忙期の前に必ず一度はステーキが出されるそうだ。春になって雛祭りにはクリームあんみつ、寒天やアイスクリームももちろん自家製だ。

「若い連中はファミレスばっかり行ってないで、たまにはね、3回行くとこ1回にしてもうちょっと気の利いたレストランかなにかで食事するとか。やっぱり、おいしいものを食べないと。責任ありますからね」

おいしいものを作る仕事なのだから、作る人たちもおいしいものを食べなければいけない。そういう「責任」もある。

アドバルーン

銀座にも青山にも、日野にもない、一宮にだけあるもの、それはなんでしょう。

答えは、アドバルーンだ。

青色と白色のストライプ、白色の部分に「ウエスト」「リーフパイ」と大きく書かれたアドバルーンは、工場の上に高々と揚がっていた。気球の形をして、ちゃんと下には籠まで付いている。

アドバルーンが浮かぶ空は、ほのぼのとして見える。

当初は球形で、色も茶色やクリーム色だったそうだ。

「青のほうがすっきりきれいで、空の青とより映えるだろうと。面白みを出そうと、気球型にしました。『WEST』の英文字もいいですけど、ぱっと見てぱっと分かるのは片仮名だと」

工場の前庭にて竹内さんがアドバルーンを揚げるところを見せてもらった。アドバルーンはゆっくり空に昇っていく。快晴、空の色よりやや濃い青色と雲の白さの組み合わせはたしかにきれい。

余談として、アドバルーンの高さ制限は、50メートル。中に詰めるヘリウムガスはけっこう値が張り、ひと月に3万円は下らない。気球そのものは1年半から2年くらいで寿命がきて、作り替えないといけない。

竹内さんにそんなことを説明してもらいながら、アドバルーンを見上げていて、素朴な疑問が頭の中に浮かぶ。

なぜ、揚げているのだろう。

ここに工場を造って5、6年経った頃、龍一さんが、昔はデパートでよくアドバルーンを揚げてたね、と言い出したのがきっかけだという。

「ウエストは、都内ではそこそこ知名度はあったんですけど、一歩外へ出ると知られていなかったんですよ。バルーンが揚がっているということは、なにかあるんだろうということで」

青と白のアドバルーンは、山梨における、ウエストの存在証明なのだ。

ウエスト
リーフパイ

WEST
新津
WEST

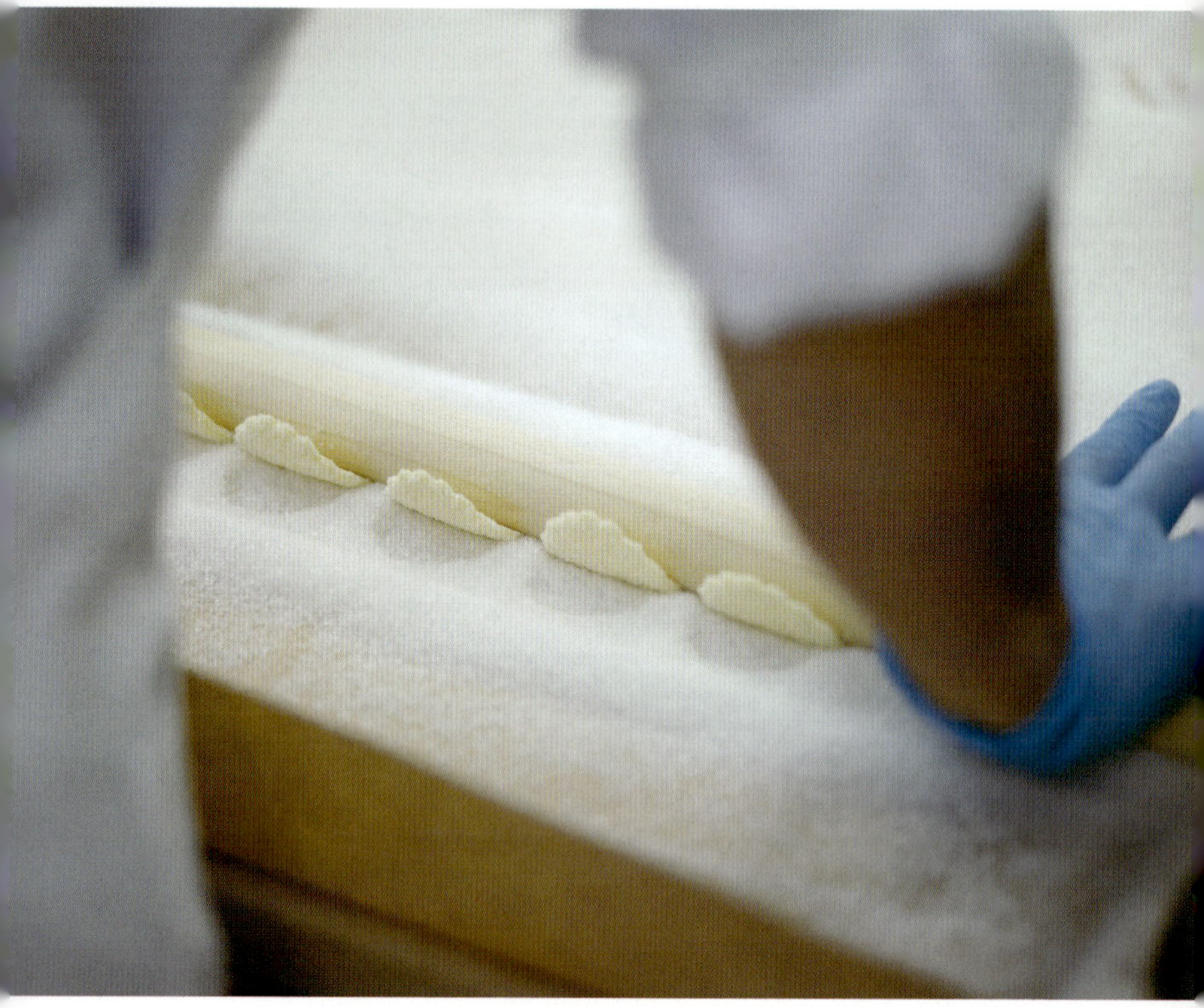

ウエスト

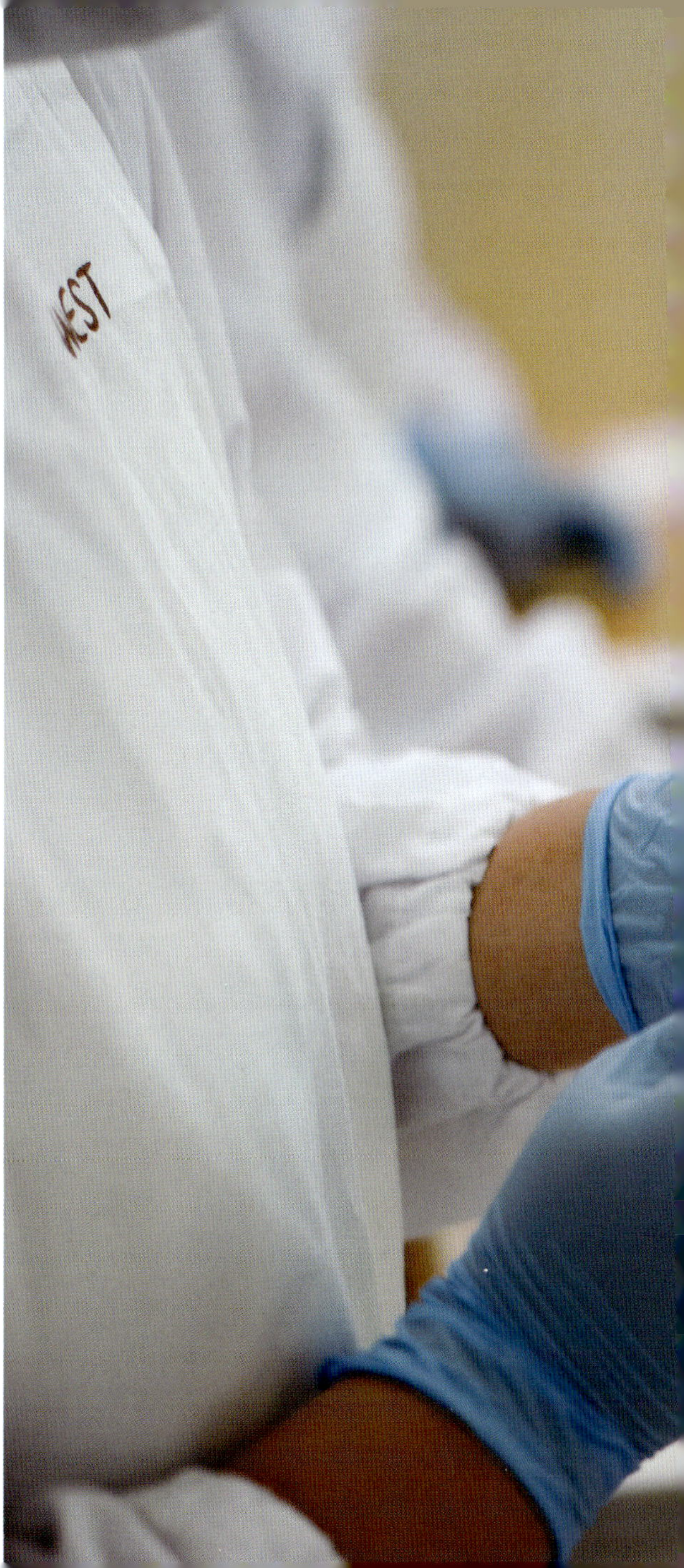

ウエスト
洋菓子舗

一宮工場

甲府方面から車で草吹川を渡って国道20号線を進む。地図に落としていた視線をふと上げると、青と白の気球型のアドバルーンが揚がっていた。工場と聞いて想像していたのとは違う、のどかで瀟洒な建物は、どことなく目白の自由学園を思い出した。その前にはまぶしい緑の芝生が広がり、真ん中には大きな桜の木がそびえる。春にはこの木の下でみんなで花見をするそうだ。一般の工場見学は残念ながら受け付けていないが、建物の正面1階に直売店があり、リーフパイなどが都内より少々値打ちに購入できる。

第三章

銀座とウエスト

個人的な記憶　本で読むウエスト

ウエストの味は、私の子ども時代の思い出の中には登場しない。

いちばんはじめにリーフパイを口にしたのは、あるいは喫茶室に行ったのはいつだったか、どちらも相当に物心が付いてからのはずなのだが、残念ながら思い出せない。

ひとりで喫茶店に入れるようになってからだろうな、とは思う。

うちの本棚から「銀座」と名の付く本をあれこれ取り出してみていて、もしかしたら、ウエストに行ってみよう、とのきっかけになったのはこれじゃないか、という一冊の文庫本を見つける。

和田誠『銀座界隈ドキドキの日々』。

表紙には1963年の銀座の地図が描かれていて、目を凝らすとウエストも見つかる。

本の中にもウエストは度々登場する。

〈静かな喫茶店だから、二、三人での打ち合わせには絶好で、サンカク（会社以外の仕事という符牒）によく利用した〉

ウエストではじめて会った人、ウエストでしたたわいもない話などが本のそこここに見つかる。〈「ウエスト」にはいつ行っても決まったテーブルで原稿を書いている人がいた〉ともある。22章の扉絵はウエストのマッチだ。

この本の奥付を見ると発行は1997年1月だ。当時、私は学生で、京都に暮らしていて［恵文社一乗寺店］という本屋でアルバイトをしていた。だからその本屋で買ったのだと思う。装丁の仕事にたいへん興味があった頃だ。『銀座界隈ドキドキの日々』も、数多《あまた》の本の装丁、装画を手がけている和田誠の駆け出し時代の記録として手に取ったものだ。だから、ウエストも、相当に、研ぎ澄まされた、デザイン的に見どころのある喫茶店なんだろうと想像していた。

そういえば和田誠は、お菓子についてはー言も触れていない。流れていたはずのクラシックについてもなにも書かれていない。

やっぱり本棚から引っ張り出してみた『私の愛する喫茶店　東京篇』という本には、ウエストのウェイトレスに片思いしていた思い出を綴ったエッセイが載っている。

〈『ウエスト』はちょっと大人っぽい喫茶店である。静かにクラシックが流れている。働い

ている女性たちもどこかしっとりと大人の雰囲気を持っていて、一人彼女だけがういういしく、異質だった〉

こう書いたのはコピーライターの日暮真三だ。和田誠とは全く違うところを見ている。えがかれているのは、のちに「無印良品」の名付け親となる日暮真三の20歳そこそこの頃の記憶だそうで、彼は1944年生まれだから、これは1960年代のウエストの風景だ。後日、片思いの相手は、当時、世にときめいていた写真家の妹だと分かる。その写真家の名前は『銀座界隈ドキドキの日々』にも登場する。

ぱたんと本を閉じて、今度は自分の記憶の中におりていくと、ウエストにはじめて行ったのは、京都に暮らしていた8年のあいだのどこかではあるにちがいない、というところまではっきりした。

1990年代後半、夜行バスに揺られて、東京にはしばしば出かけていた。

第一印象はおぼえていなくても、行っていたのが銀座本店だとは記憶している。

銀座には、グラフィックデザインの展示を観に行っていた。大日本印刷のギャラリー

［ggg］やリクルートの［G8］などで、ポスターやロゴ、パッケージデザインの展示を見ては、こういう仕事ができたらいいなあと漠然と願っていた。そういえば、その頃の私はデザイナーになりたかったのだった。

展示を観て、ウエストに立ち寄った。

そこで、ウエストの受け皿やマッチ、テーブルに置かれるひとつひとつのものも、つい先程までギャラリーで光らせていたのと同じ目で見ることになる。

喫茶店におけるデザインとはなにか、と考えるようになるきっかけがウエストにあったことは間違いない。

ウエストのグラフィックデザイン

銀座本店の椅子や入ってすぐのところにあるレコードキャビネット、創業当時に使われていた淡いブルーと肌色の包装紙のデザインをしたのは、友一さんの年長の友人で彫刻家の川上全次《かわかみぜんじ》さんだ。

ウエストのトレードマークである「フリッツ君」は創業当時から使われていると聞いたの

で、てっきり川上さんがデザインしたのかと思いきや、そうではなかった。

実は、友一さんが、名曲喫茶にふさわしい図案はないかと探す中、アメリカの百科事典『RICHARDS TOPICAL ENCYCLOPEDIA』の、ドイツ生まれのオペラ作曲家、クリストフ・ヴィリバルト・グルックの項にあった挿絵が目にとまり、それを拝借したというのだ。咎められたときにはそれなりに対処しようとは思っていたそうだが、そんな申し立てもなかったのでそのまま使い続けていた。その後、フリッツ君とウエストの英文字ロゴを組み合わせて商標登録をして、今に至っている。

川上さんは神田生まれで、着流しに雪駄《せった》を履き、手には手甲をはめて銀座のバーを飲み歩くような洒落な人だったそうだが、残念なことに42歳で夭折した。

その後、ウエストのデザインを担ったのは、倉澤一郎《くらさわいちろう》さんだ。

パッケージも店舗設計も、全てデザインはフリーハンドでしていたそうだ。リーフパイやドライケーキなどのロゴに、倉澤さんの筆致をみることができる。お菓子を贈り物にするときに添えてもらう短冊の「お中元」や「粗品」といった文字も倉澤さんが「筆でささっと」書いたものだ。

手書き、というところから、あたたかみや昔懐かしさをあらわしながら、その「ささっと」書くスピードが想像できるような軽やかさも併せ持つロゴに仕上がっている。

「とにかく、感性が素晴らしかったですね」と龍一さんは振り返る。

倉澤さんは、２００８年に新装した「青山ガーデン」の内装も手がけたが、その完成を見届けることなくオープンの半年前に急病で亡くなった。

倉澤さん亡き後、ウエストのパンフレットやホームページ、干支のモチーフをあしらったお正月用の包装紙などのデザインを担っているのは、デザイン会社「VOSGES《ヴォージュ》」である。「VOSGES」を主宰する島田道子《しまだみちこ》さんは東京生まれで、幼い頃からウエストのお菓子には親しんでいた。とりわけ好きなのはリトルリーフだそうだ。味と大きさのバランスがいい、と気に入っている。

「サブレストのあったかさも大好きなので、どれがいちばんというのは、すごく難しいです。依田社長のお人柄がそのままあらわれているお菓子ですね。手作りであることもそうですし、どこにでも自信を持ってお贈りできる、ほんとにきちんとしたものを作っている。日本を代表するお菓子だと思っています」

ウエストのお菓子の個性を、島田さんは「お菓子自体が主張するというよりは、お菓子を持っていく人の思いを伝える役割を担っている。例えば、結婚しようと思う女の子が、相手のご両親のところにはじめて会いにいくときに持って行くのにふさわしい」と言い表す。

ウエストとの仕事は6年目に入った。そのあいだ、これまで使われてきた包装紙やロゴ、ウエストのカラーをがらりと変えることはしていない。

「脈々と受け継がれているよさ、その感覚を崩さずに。それがデザインするときのいちばんの留意点だと思っているんですね。ただ、プラスアルファの要素として、お客さまに変わったという印象を持たれないように、今の時代に合わせて少しずつ進化をさせていくのが社長のご意向でもあるので、それを形にするお手伝いをしたいと思っています。最初、社長とお話をしたときに、ずうっと一緒にやっていっていただける方を探しているんです、とおっしゃってたんですね。ころころ変えたくないんです、と。私自身も仕事をするにあたって、その思いは社長と共通する部分ですので、選んでいただけたこと、お力にならせていただいていることをとても光栄に思っています」

20年のあいだデザインを手がけている「トゥールダルジャン」などのレストランをはじめとして、長く付き合う、ということを島田さんはとても大切にしている。

ひとつの会社なりお店なりと長く仕事を続けるためのこつは、どこにあるのだろうか。

「その会社であるとか商品であるとか、あるいは社長自身のファンになることです。長いことやっていると、ふんだんにお金を使える時期もあれば、そうじゃない時期もあるわけですよね。でも、ビジネスとして考える前に、クライアントへの思いが先にあるので、ずうっと長く続けてこられたのではないかと思うんです。私たちの仕事はあくまでも、その会社やレストランなどの思いを形にするお手伝いなんです。なので、その思いをできるだけ汲み取れるように、それにはファンであることが大前提です」

東京土産の個性とは

京都からウエストを訪ねていた頃、私がおもての売店で求めるのはいつもダークフルーツケーキ一辺倒だった。洋酒漬けのドライフルーツが入っていて、黒糖の味がする、それが20

代前半の私の好みにぴったりはまっていた。

リーフパイを手土産にするようになったのは実はそれから10年は経ってから、京都を離れてしばらくしてからだ。ウエストといえばリーフパイが名高い、というのはなんとはなしに見聞きして知っていて、でもそういう、いかにも有名なものを買うという行為そのものが気恥ずかしかった。ちょっとひねって、金色の紙にぴっちり包まれていて、小ぶりでお酒の香りがするダークフルーツケーキ、ウエストのお菓子の中ではこれが最も渋くてかっこいい、そう思っていた。そういうものを人に贈るのもまたかっこいい、とも思っていた。

きっかけは、岩手は盛岡にて喫茶店を営む友人夫婦の言葉にあった。

「ウエストのリーフパイをもらうとうれしいよね」

その単純な一言を聞いてから、はじめてちゃんとリーフパイを味わってみようという素直な気持ちになったのだった。その友人の趣味嗜好、それから味覚をとても信頼していたし、それに、有名なものを避けて通る、ということをかっこいいと思う年齢を私はいつの間にか越えていた。

その盛岡の喫茶店では自家製のクッキーを出している。ウエストのクッキーとはまた方向性の違った、素朴なものだ。クッキー担当の妻は、リーフパイを食べながら、こんなにバターが贅沢に使ってあって、砂糖もたっぷり、というお菓子を今あえて自分で作りはしないけど、と前置きしつつ、こう言った。

ウエストの変わらないおいしさを味わうのはいつも楽しみで、その気持ちもずっと変わっていない。

京都から東京へ越してきて、東京土産としてのウエストのお菓子は、私にとって「持ち帰る」ものから「持っていく」ものになった。北東北をはじめとして、日本のあちらこちらへ出かける機会が得られるようになったこともあり、そこで、東京と京都の街なかばかりに目が向いていた20代の頃には見落としていたことに気付く。ちょっと都会を離れてみれば、その土地でとれたものが、同じくその土地で加工されて、それをもらったりあげたりする場合が多いのだということに。

東京土産のほとんどは、東京でとれた材料では作られていない。ウエストのお菓子も例外ではない。直《じか》に地べたとつながっている味はしないのならば、どこにその土地の個性があらわれているのか。

東京土産の味わいは「東京らしさ」であると私は思う。

首都の味。賑わいの中で揉まれ磨かれた味。古めかしいだけでも、新鮮なだけでもない味。

「東京」のイメージをできるかぎり丁寧にかたどる。とても遠くにいる人にも「流石《さすが》だなあ東京は」と思ってもらえるように。それが東京土産の肝だと思う。

さて、龍一さんは、東京らしさとはどういうものだと捉えているのだろう。

……………………

できるだけシンプルに

――談・依田龍一さん

昔は、東京の人しかウエストを知らなかった。うちは基本的には東京ローカルで、今後もずっとそうしていこうと思ってます。

若干、埼玉や神奈川にも出店はしてますけども、基本的には東京、銀座です。ですから東京土産として使っていただけるのは有り難いと思いますね。

なにが東京らしさ、銀座らしさかというのはよく分かりませんけど、できるだけシンプルに。ごてごて飾り付けるのは先代は好きではなかったですから。とにかく、いい材料を使って、なるべくあれこれ手をかけずに、すっきりシンプルにやって、飽きない味にしていく。シンプルっていうのは難しいんですよね。

銀座のお客さまは、いろいろおいしいものを日頃から召し上がっていて、洗練されているから、ほんとうにいいものを出せば分かっていただけると。ですから材料をけちらずにいいものを使って、そして正直にそれだけの値段をつければ、銀座のお客さまは必ず分かっていただける、買っていただけるから大丈夫だという風に、先代にはずっと言われていました。

子どもの頃、シャツからセーターから、子どもだから半ズボン……全部、銀座へ行くときに着る一張羅がありました。銀座へ行くときにはみっともない格好をしちゃいけない、ぴしっとして、ちゃんと「ワシントン靴店」の靴を履いていきなさい、こう言われてね、堅苦しい格好をさせられた記憶がありますよ。

今はね、銀座といっても昔ほどステイタスはないとは思いますけどね。先代が店を作った頃は、銀座のお客さまなら本物を分かっていただけると、そういう信念みたいなものがありましたね。いくら高い材料を使ってもいいから、とにかく「本物」を出せと。

「そんじょそこらにないものを出せ」というのが先代の口癖だったんです。

信頼がいちばん大切だと思うんですよね。だから、あそこのお菓子なら大丈夫だと、変なことはしないはずだ、という信頼を得られるようになりたいなあといつも思っています。

……………………

友一さんと銀座の歴史　１９６０年代まで

東京土産の個性とは、友一さんの「そんじょそこらにないもの」の一言に集約されているとも思えた。

その友一さんとは、どんな人だったのだろう。

1920年、友一さんは山梨の農家の次男として生まれる。

中学を卒業のち、上京する。いっとき身を寄せていたのが、ウエストのお菓子の基礎をつくることになる、五反田の金秋叔父さんの家だった。友一さんは数か月のあいだ、ベアリング工場や、髙島屋が経営していた、今の100円ショップを思わせるチェーン店「丸高均一店」で働いた後、大学に入学する。学費などはハワイはホノルルで「シティーグリル」というレストランを経営していた叔父、秀治《ひでじ》さんがめんどうをみてくれた。このレストランはもともと同じ山梨出身の人のもので、その人が帰国するにあたり、秀治さんが引き継いだものだった。

大学時代、友一さんは自身の出生にまつわる、思いも寄らない話を聞かされる。

実は、ハワイの叔父さんとばかり信じていた秀治さんが、友一さんの実の父だったというのだ。

聞いたそのときはもちろん驚いた友一さんだったが、不思議とわだかまりは残らなかったそうだ。

当時、友一さんは、ハワイで怪我した子どもの目を日本の病院で診てもらうために帰国していた秀治さんの妻の、上荻窪の家に同居していた。秀治さんも追って帰ってくる予定だったものの、戦争が激しくなりかなわないまま、友一さんは1943年に学徒出陣となり、大学を仮卒業して、陸軍船舶兵としてフィリピンのセブ島に配属される。敗戦を迎えたときには九州にいた。帰京してから1年ほどは、ひたすら食料の買い出しに明け暮れた。

1947年1月、銀座にレストラン「グリル・ウエスト銀座」を開く。このレストラン「グリル・ウエスト銀座」が、ウエストの前身である。ウエストと名付けたわけは、当時、銀座通りから西は「西銀座」と呼ばれていたからだった。開業資金は、秀治さんが2万ドルを用意してくれたという。

おいしいものを多くの人が渇望していた時代、食べものに関わる仕事を求めるのは当然だったのかもしれないが、もしかしたら友一さんは、秀治さんがハワイでレストランを営んでいる姿に憧れを持ってもいたのだろうか。

当時の店の写真を見ると、信州から移築した蔵の壁に、筆記体で「Grill Westginza」とある和洋折衷ぶりが、絶妙なモダンさを醸し出している。

ここで、歴史を友一さんの時代からさらにさかのぼってみよう。

銀座は１６００年代に、江戸幕府が海岸線を埋め立ててつくった街だ。

明治時代に入ってまもなく、火事に強い街をつくろうという政府の意向により、ヨーロッパに倣《なら》った、煉瓦造りの家屋が建ち並ぶ煉瓦街がここにできる。そして大阪、横浜に次いで国内で３番目にガス灯が街路に灯る。さらには数々の新聞社が集まり、ビアホールやカフェーなど洋のかおりのする飲食店が開店する。銀座を散策することイコール「銀ブラ」という言葉が流行りはじめたのは大正に入ってからだった。

これまで日本にはなかったものを目に、手にすることができる、そこが銀座だった。

１９２３年９月の関東大震災でいっぺん焼き尽くされても、その年の大晦日には銀座の表通りはすでに復興に向かい賑わっていたという。そして、１９４５年に日本が敗戦したのちも、やっぱり人々は銀座を目指した。

［グリル・ウエスト銀座］ではビーフステーキをメインにした1000円のコース料理を出していたという。

それがどれくらい高価だったかというのは、ウエストがオープンする前年の闇市の物価と比べると分かる。明星食品の社史にある年表をみると〈東京のヤミ市では天どん20円、素うどん10円〉とある。また、1947年になって復活しはじめた喫茶店のコーヒーは一杯5円が普通だった。

ウエストの厨房を取り仕切っていたのは［シティーグリル］の元あるじで、パンとデザートを金秋さんが担当した。

しかし開店から程なくして、高額な料理の提供を禁止する条例が出されたと、友一さんの回顧録にはある。［シティーグリル］の元あるじは、安物をこしらえるのはプライドが許さないといって、ウエストを離れてしまった。そんなわけで、レストランとしてはじまったわずか半年後に、ウエストは喫茶店に衣替えすることになったのだった。

とはいえ「そんじょそこらにないもの」を出したいという友一さんの気持ちは固く、当時は入手が難しかった砂糖やバターなどを、ハワイのつてを辿って、米軍のために日用品を売る「ＰＸ」から闇で調達した。当時、あちらこちらの商業施設が米軍に接収され、銀座でも四丁目の［服部時計店］（現［和光］）や［松屋］などがＰＸとなっていた。

開店と同じ年の春に友一さんは結婚をしている。

上荻窪の家のご近所にあった鉄スクラップ会社の娘さんで、まだ17歳だった。秀治さんの妻と子どもたちがハワイへ帰ったのち、上荻窪の家はそのまま友一さん夫妻が譲り受けることになった。

当時から、店の２階にあった厨房で、クッキー、モザイクケーキ、ロールケーキ、ショートケーキなどを作っていた。そこだけでは手狭になり、翌年、店の向かいに小さな工場を構え、リーフパイを焼きはじめた。１９４９年には工場を西新橋に移す。そして本店の向かいにパチンコ屋をオープンさせる。

この頃に撮られた映画、小津安二郎の『お茶漬の味』にもパチンコ屋が登場していて印象深い。当時、パチンコは街なかで大流行していた。余談だが、１９６０年代にデビューした小説家の中山あい子は〈小津の映画が好きなのは、当時の焼け跡から復興してゆく銀座の姿が写るからでもある〉とエッセイに書いている。

［ボンボン］と名付けたパチンコ屋は、前述の川上さんにパチンコ台のデザインを依頼し、景品もＰＸから舶来の品を仕入れて、凝った、洒落た店づくりを徹底し、渋谷は宮益坂に二号店も出すなど、繁盛した。１９５０年に勃発した朝鮮戦争による特需景気の追い風もあったことはたしかだ。

１９５２年には、のちにウエスト二代目社長となる龍一さんが生まれる。

友一さんは五反田に劇場［オデオン座］も１９５３年にオープンさせた。しかし、朝鮮戦争が終結し、景気の大幅な落ち込みのあおりを受けて、劇場はわずか3か月で閉館へ、2軒のパチンコ屋と新橋の工場も手放すことになってしまった。ウエストは倒産へ追い込まれる。心労もあってか友一さんは結核にかかり、1年のあいだ入院生活を送ることになる。負債は、25年をかけて完済した。当時を振り返り、友一さんはこう述懐したという。

「たかが喫茶店の親父などで一生を終わりたくない、などと思い上がっていろいろやってみたが〝たかが喫茶店の親父〟をしっかりやり抜くことがいかにたいへんで、また大切なことか、身に染みて分かった」

友一さんがウエストの社是を「真摯」とした背景には、この苦い経験が活きている。その言葉はもちろん今でも「事務所にも食堂にもキッチンにも、なるべくみんながすぐに見られるところ」に、小さな額に入れて掲げられていると、龍一さんは話していた。

1956年には恵比寿に工場を建て、1958年には麴町と青山にウエストの支店をオープンさせた。とはいえ、先の章でもふれたように、この2軒の支店は、世情のあおりを受け、残念ながらわずか4年で閉めざるを得なかった。

そして1962年、いよいよ友一さんはドライケーキを考案する。翌年には日本橋髙島屋の地下に売店をオープンさせ、そこにもドライケーキが並んだ。デパート内に売店を出したのはこれが初めてである。続いて池袋西武、日本橋三越と、売店の数は徐々に増えていく。ドライケーキが好評を博したことを受けて、1965年には新たに日野にお菓子工場を建て、恵比寿にあった工場を閉めた。

その頃の東京には、銀座にはどんな風景があったろう。

1963〜4年に『週刊朝日』に連載された、小説家、開高健のルポをまとめた本『ずばり東京』を読むと、当時の都心はあばれる獣のようだったんだなあと思えてくる。変化に次ぐ変化。獣の背にうまく乗っていく人もいれば、その足元でなんとかやり過ごそうとする人もいる。『ずばり東京』には「銀座の裏方さん」という章がある。銀座の夜には屋台がつきものだったとある。とうもろこし屋、焼きいも屋、たこ焼き屋、甘栗屋。食べものの他には鈴虫や花を売る人もいた。そういう「裏方さん」の姿がはっきりと見えていたというところが今とは大きく異なる。

バーを取材した著書が多数あるノンフィクション作家、枝川公一の、1980年代から90年代の銀座を描いたエッセイ集『今日も銀座へ行かなくちゃ』にも屋台のある風景は登場する。その頃までは60年代からの風景がまだ残っていた。

枝川公一は、1980年代前半の銀座で聞き書きをした頃の印象を、こう振り返っている。〈当時はまだ「バブル」などという言葉も聞いたことがなかった。銀座から都電がなくなったころのことを生き生きと語る人が健在であった。銀座の人は意気軒昂としているように見えた。東京を担っていく街であることの誇りと自信が感じられた〉

1967年まで、銀座には都電が走っていた。先程ふれた、私の思い出の本『銀座界隈ドキドキの日々』には、和田誠がデザインを手がけた、都電がなくなる前日を記録したキヤノンの新聞広告が掲載されている。

都電がなくなることを知り〈クルマという新興勢力が風情あるものを放逐していくというのをちょっと哀しく思った〉と、和田誠は書いている。

銀座から都電が姿を消した年、ウエストは南青山に青山店をオープンさせている。ここは2008年に建て替えられたのち「青山ガーデン」と名付けられて現在も盛況であることは第一章で触れたとおりだ。

二代目　1980年代から今までのウエスト

1987年に35歳でウエストに入社するまではヤマハ発動機に勤めていた龍一さんは、その当時のことをこう回想する。

「正直言いまして、絶対に跡を継ごう、という気持ちは当時はなかったです。先代も、今の勤めが好きならそのままやってもいいよ、と言ってたもんですから。でも、先代が大腸癌を患って、手術をしなくちゃいかん、必ずしもうまくいくかどうか分からないと、事前に医者に脅かされて。万が一のことがあるといけないから、とにかく、会社辞めて帰ってこいと母に言われまして。青天《せいてん》の霹靂《へきれき》だったんだけど、いろいろ考えてみたら、やっぱり自分がやるべきなのかなと。家業ってものを真剣に考え出したのはそれからですね」

赴任していたオーストラリアから帰国し、龍一さんは約15年のサラリーマン生活に別れを告げる。

「おかげさまで手術もうまくいってその後ずうっと再発もせずに、私が帰ってきてから10年以上、ふたりでやっていました。つくづく自分は幸せだなと思うのは、たまたま継いだその家業が、考えかたなり、店の方針なり、賛同する面が多かった。自分の考えかたと一致してたんです。ですからなにも無理なく、今まではよくなかったから自分でこうしていこう、というようなこともあまりなかったですね」

とはいえ龍一さんはただただのんびりと構えていたわけではない。「二代目の道楽息子」と言われるわけにはいかないと、日々懸命にウエストに向かっていた。そこで友一さんにこう問われた。

「中小企業のオーナーにとって、最も大切なことはなんだと思う?」

龍一さんの脳裏には、謙虚さ、努力、勤勉、などの言葉が浮かんだ。そのうちのひとつ「誠実さ」と答えたが、友一さんは、違う、と言う。

「もっと大切なことがあるでしょう。それはね、生きていること」

その頃の龍一さんにとっては、考えも及ばない答えではあったが、そのやりとりののち「オーナーがいつも元気でいることこそが、企業の活力の源になっている」のだと分かったという。

1990年には、お菓子工場を山梨は一宮に新たに造り、上り調子のウエストだった。しかし1992年3月未明、火災により、銀座本店の裏にあった事務所は全焼、喫茶室も半焼してしまうという事件が起こった。経理書類も、昔の写真も、貴重な記録のほとんどが失われてしまう。

「裏路地の木造の建物が火元でした。裏から類焼してきたもんですから、お店の後ろのほうは、完全に上が抜けて青空が見えていたのが記憶に残ってますね。先代は、ショックが大きかったようでした。私のほうがどっちかっていうと冷静で、なんとしても最短期間で元通りにしなくちゃと、焼けた当日から山積していた、すぐやらなくちゃいけないことを片付けていきました」

鎮火した翌日から、本店の前の路上にトラックを停めて、荷台にドライケーキを積み、販売をはじめた。当日の売り上げは２００万円を超えて、いつもの日と変わらないくらいで、龍一さんは思わず涙した。

喫茶室の建て直しには、常日頃から付き合いのある職人たちが尽力してくれた。そのおかげで、ちょうどひと月後に再開に漕ぎ着けることができた。

「とにかく、秀吉の築城じゃないですけど、お客さまが気付かないくらいの速さで直せってことで、職人さんに頑張っていただいて。たいへんでしたねえ。でも、たいへんだということにすら気が付かないくらい、必死でした。まだ私も若かったですから頑張りがききました」

お客さんへのお礼のつもりで、再開からの３日間、喫茶室のメニューは全て無料にした。龍一さんは４日目からは通常営業に戻すつもりでいたものの、友一さんは一週間続けるようにと言う。そのときの友一さんの言葉「お客さまは差し上げたぶん、いつか必ず返して下さる。あげっぱなしではないんだよ」を龍一さんはずっと忘れていない。

２０００年、友一さんは社長を退き会長となり、龍一さんが二代目社長に就任する。それから3年後、友一さん没す。享年82歳。

友一さんと共に働いた時間と、亡き後に二代目としてウエストを営む時間は、もう少しで同じくらいの長さになろうとしている。

「基本的なポリシーについては、先代の考えかたをどれだけ踏襲していくかということです」と龍一さんは言う。そうやって、仕事を引き継いで、保ちつつ変えつつ、続けていこうとするとき、肝となるのはなんだろう。そう尋ねてみたとき、龍一さんから返ってきた言葉の手触りは、殊更、柔らかいものだった。

「数字に長《た》けているとか、無駄のない経営をするとかね、そういうことよりも、なにより大切なのは、感性だなと思いましたね。お菓子にしても、店のつくりにしても、まず感性を大切にしたいと。うちのお客さまを見ていても、味覚的にも視覚的にも、ウエストの感性をご贔屓いただいているのじゃないかな、と思っています」

ウエストで働くということ

友一さんを含めて6人ではじまったウエストだったが、この本を書いている2014年1月現在では、ウエストで働く人の数は395人である。うち、正社員は222人。正社員として採用をするのは喫茶室、売店、製造を合わせて毎年10人前後だという。

「2、3年でローテーション、なるべくいろいろなところを経験していただくのが基本です」

長く続く喫茶店には、同じお店に同じ人がいつもいるというイメージがやっぱりある。たとえ個人的に言葉を交わすなどしなくても、その顔を見てなにか安心する、という情を、こちらお客は抱きがちなものである。だから、常連のお客さんがさみしがりやしないか、気にかかるところだ。

「お客さまから、なんで替えたんだと怒られることもしばしばございますけどね」

やっぱり、それは避けられない。しかし龍一さんはこう続ける。

「ずうっとひとつのところに長いと、進歩がなくなっちゃいますし。新しい人に新鮮な目でもう一回見てもらうってことも必要かな、と」

ここで、あちこちの百貨店にあるウエストの売店で長く働き、3年前から銀座本店店長を務めている千葉雅夫さんにお話を聞こう。

千葉さんは1968年生まれ、東京出身だ。いいものを売っているところだから一緒にやってみないか、と、知人に誘われ、ウエストに入った。それ以前はウエストにはあまり馴染みがなかったが、ドライケーキのうち、リーフパイとヴィクトリアは食べたことがあり、記憶に残っていたそうだ。

最初はアルバイトとして店に入り、程なくして社員になって、2014年で23年目だ。

千葉さん、そしてレジ係の服部さんがしてくれた話には、ウエストで働く人たちの仲のよさがくっきりとあらわれている。そこには「スタッフ同士の、目を見ての挨拶は基本中の基本です」との龍一さんの言葉が活きているのだろう。

「雨の降った日になにをするかが大事なんですよ」

――談・千葉雅夫さん

喫茶室に来ていただいているお客さまは、ほんとうにウエストを求めて下さっている。ケーキだったり、このソファだったり、音楽だったり、くつろぎの空間だったり。他に求められないものを、ここに求めて来られるってことですねえ。

待ち合わせや商談など、１００円、２００円のコーヒーショップでもできるようなことをあえてウエストの喫茶で、という、毎度喫茶室に来ていただいているお客さまはだいたいリピーターなんです。

でも、百貨店に来られるお客さまはウエストのイメージプラス百貨店のイメージを持っている。百貨店では、ひとつのフロアにお菓子というお菓子があります。お菓子ならなんでもいいというお客さまが、実は半分以上ですね。

百貨店で僕が店長になって間もなく、3か月連続で売り上げがかんばしくなかった。先代に、売り上げを落としてすみません、と謝りました。先代は、笑って、笑いながら頷いて「晴れた日もあれば、雨の降る日もあるんです」と。ちょっと間を置いて「雨の降った日になにをするかが大事なんですよ」と言われた。

僕としてはものすごく申し訳ない気持ちだったんですけど、先代が笑いながらそう言ってくれたことは、未だに印象に残っています。そうか、いいときと悪いときとはやることが違うんだ、ということを教わった。

ウエストの第一印象は、みんなで一緒に動いている、アットホームな職場だなあと。一体感、そうですね。人と人とがそのときは近かった。そういうみんなの距離感は、昔に比べるとちょっと離れているのかなという感じはします。僕の立場的なものなのかもしれませんが。みんなが今、なるべく支障をきたさないように、なるべく事を荒立てないようにしていて、まあ、これは時代の流れだと思うんです。

みんな、ウエストが好き。当たり前の話ですけど。ほんと、もちろん性格も趣味もみんな違うんですけど、ウエストが好きです。

いいもの

――談・依田龍一さん

はじめのうちは、自分の感性というものに自信が持てないところがあったんです。例えば青山店の建て替えにしても、もう先代はいなかったですから、全部自分で考えて、前の店とはだいぶ趣が違うような形にして、ほんとにこれでやっていけるんだろうか、という自信のないところもありましたけども、それなりにご支持をいただいて、やっぱり自分の思いどおりでいいんだな、と、ある程度の自信みたいなものは出てきています。

社長になると、誰も自分に指示をしてくれる人はいませんから、自分でなんでも決めなくちゃいけない。ひとつの歯車としてあれをやれこれをやれってことは一切なくて、自分の好きなことをしなさいと。例えば、遊んでれば遊んでても会社は動くかもしれませんけど、その責任を最後は自分がかぶるということですから。

製造も、販売も、みんなが決められたことをきちんとこなして、何事もなく一日が過ぎる。それが難しい。やっぱり、気を抜くとなにかが起こるんですよね。小さなことがきっかけでね、徐々に徐々に品質が悪くなっちゃうことがある。

今まで使っている材料よりこっちのほうが安いですよ、品質はほとんど変わりませんから代えたらどうですか、というように問屋さんが頻繁に言ってくるんですけどね、今まで使っていたのは値上げします、と。今まで使っていたのとでもおかしいなと思ったら使わないんですけども、食べてみて、ちょっとでもおかしいなと思ったら使わない。ほとんど分からないんですけども、なんとはなしに今までのとは違うと。そういうところからブランドというのがね、がたがた崩れるというのがいやなもんで、もうそんなら値上げでもしょうがない。ちょこちょこ品質を落としてね、無理に価格を維持するよりも、正直に、かかった原価に正当な利益を加えて値段をつけろと、先代からずうっと言われてましたんで。うちは3000円とか5000円とか、ジャストプライスの商品が少ないんです。内容を減らして、ジャストサイズ、ジャストプライスに無理矢理持っていく、そういうことはお客さまをごまかしていることになるから絶対やっちゃいかん、と言われてまして。そのままの半端な値段でやってます。たしかに、おつかいものでぴったり3000円でなきゃ駄目だとか、そういうお客さまもいらっしゃるんですよ。でも、それはしょうがないな、ということで。

百貨店さんと取引していると、いろいろな催事とか企画とか、どうしてもやらざるを得ないこともありまして、難しいところでね。ウエストらしさを失わないように、落としどころを探っていきたいなと思っているんですけどね。できないときはできないと断ります。実際にやっているのは要請のあったうちの半分くらいだと思いますけどね。うちのイメージに合わないものはやりませんから。

例えばどこの百貨店でも必ず、そこ以外にはない特別な限定商品を作ってくれと言われるんですけれど、うちは基本的にはそういうものはやらない。なぜかというと、たとえ限定商品であっても、いいかげんなものはやりたくないし、逆に、きちんとしたものができれば、それは限定じゃなくて、定番商品にしたい、というのがうちの考えかたです。

新しいものを作るよりも、今までのものをずうっと続けていくことのほうがたいへんなんですよ。

飾らなくて、ほんとに質がよく、品がいいもの。まあ、平たくいえば「いいもの」を求めています。ですから、この先、誰か違う人間に代が替わるとしても、違う人間がやれば感性も自《おの》ずと変わりますけれど、できればそういうものをずうっと保っていければいいなあ。
見てくれをああだこうだ飾ったりするんじゃなくて、ほんとに自ずとその中身のよさで違いが分かる。そういうようなものを目指したいなと思います。

……………………

龍一さんのつぶやき

@ginzawest

人の味覚というものは全く主観的なものですから、美味しいと思うものは人それぞれ微妙に違っていてよいと思います。ですから「これからも自分がほんとうに美味しいと思うものだけを作り、同じ味覚感性のお客様に熱烈にご支持をいただく」というのがウエストの商品作りの基本です。

2011.3.7

新商品のアイデアを考えるとき、他社の菓子だけを見ていると袋小路に陥ってアイデアが出なくなります。他のジャンル、特に料理などを見ていると無限に選択肢があることに気付きます。ガツンと衝撃を食らうような新商品はこういう他のジャンルからヒントを得たものが多いのではないでしょうか。

2012.2.19

燕の巣やふぐなど一般に「珍味」と言われるものに味が極端に薄いものが多いのは、食べる人の想像力に働きかけて味の世界を自分の感性の中で膨らませる事が出来るからと聞いたことがあります。いつかそんなお菓子を作ってみたいですが、単に「味がしないね」などと言われてしまうのかも知れません。

2012.7.16

人に第一印象がある様に、味にも第一印象（初めのひと口目の感じ）があるのではないでしょうか。仕事柄試食の機会が多くありますが、微妙な違いを見極めるにはこの第一印象で決めないと、何度も同じものを繰り返し食べると泥沼の様になって結論が出ません。そんな時は翌日に持越すのが一番です。

2012.8.21

初対面なのに、気取らず、飾らず、優しくて、この人となら素のままの自分をさらけ出して長くお付き合いできそうだと感じることの出来るお人柄ってありませんか。そういうお菓子を目指したいといつも思っています。

2013.7.18

ウエストの自店舗各店は、たとえお客様がゼロでも、本日より平常営業いたします。ホワイトデー商品は地震の影響で多数返品となりましたので、すべて被災地に救援物資として送らせていただきます。

2011.3.15

20年程前までウエストでは「日本茶」を無料でサービスしていましたが、あるときお客様から「不味い！」と言われ、先代社長が「無料ですので」とお答えすると「無料なら不味くてよいのか！」とえらく叱られたそうです。それ以来ウエストでは日本茶の茶葉にも気を遣い有料のメニューといたしました。

2012.4.18

ウエストで日粉のホットケーキミックスを採用した事には経緯があります。初め自社で試行錯誤してオリジナルのミックスを作ったのですが最終的に出来た物が日粉の物と殆んど同じでしたので採用いたしました。日粉の物がそれだけ品質がよかったからです。

2012.5.7

「リーフパイが手造りという証明は出せるか」と問われました。証明書などありませんが現物を見ていただければ一つ一つすべて大きさや形が微妙に違うのが証明です。

2013.10.31

よくお客様から、こういう商品を出して欲しいとのご要望を頂きます。確かにそれは売れるかもしれないと思っても出来ないものもあります。おこがましい様ですが全てのお客様の要望に応えようとは考えていません。味は感性、正解は無い代わりどこかに基準を絞る必要があります。それはオーナーの舌です。

2012.11.1

新商品の開発と共に今年は既存の全ての商品につき「本当にこれでよいのか、これがベストなのか」という姿勢で取り組んでまいります。伝言ゲームの様に長年のうちに職人のさじ加減が初めの意図と多少違ってくることもありますので、これらを全て一旦白紙の状態で見直したいと考えています。

2013.1.28

どんなに売れるものでも基本的に人の物まねはしたくない。他の商品からヒントは得てもそれに一工夫加えてウエストらしい商品にしたいと思います。物まねした商品には愛着がわかないからです。愛着のない商品を販売したくないという気持ちです。

2013.2.17

生ケーキでもクッキーでも、ウエストの様に手造りの商品というのは正直、新発売してすぐよりもしばらく経ってからの方が美味しくなります。職人の手が新しい仕事に慣れてきて仕上がりも良くなったり、レシピの微調整などもあるためです。機会があれば一度そういう視点でも召し上がってみてください。

2013.3.24

お客様から味が変だとお叱りを頂く事があります。試食してやはりおかしいと感じた時は直ぐに修正しますが、時には此方の基準では異常ないと感じる時もあります。そんな時は修正はしません。それは横暴だと仰るかも知れませんが、完全に納得出来ない物は販売しないというスタンスは守りたいと思います。

2013.5.23

あらゆるところで無駄を省き合理化する事は良い事かも知れませんが、なんとなくつまらない世の中になっていきます。味も含め芸術や文化の世界は無駄（というか遊び）の部分がないと良いものが出来にくい様な気がします。これからも遊び心や贅沢感を大切にしていきたいと思います。

2012.8.3

こういう商品がいい、こういう店にしたいというイメージは常に持っていますが、売上を幾らにしたいとか店舗数をいくつにしたいとかいうイメージは全くありません。会社が大きくなるとそういう事も考えなくてはいけないので、そういう事を気にしなくていい規模に留めておきたいと考えています。

2013.5.7

先代は昔「本当によいものは見る人が見りゃ判るんだから、いちいち講釈するもんじゃない」と言っていました。私は直接体に取り込む食品の様な商品を作っている人間が日頃どんな事を考えているかを知って頂くのは悪い事ではないとも思っています。いつも二つの気持ちが鬩ぎ合いながらツィートしています。

2013.6.24

早いもので昨日から師走です。昔から感じていたのですが師走に入ると銀座本店喫茶室の雰囲気が変わるのです。口ではうまく説明できませんが第九が演奏され店内に活気が出て独特の良い空気感が生まれます。懐かしいお客様が突然来店されたりもします。

2013.12.1

あっという間に今年も又暮にお正月、これをあと何回か繰り返す内に人生も終わってしまうのかなどとつい考えてしまいます。何十年後もウエストが続いているかどうか判りませんが、少なくとも売上の額や会社の規模を求めるのではなく、本当に良いものを作る事に先ず拘る会社であってほしいと思います。

2013.12.16

[この本で紹介の店舗データ]

銀座本店
東京都中央区銀座7-3-6
☎03-3571-1554
9:00〜23:00(土・日・祝11:00〜20:00)
無休

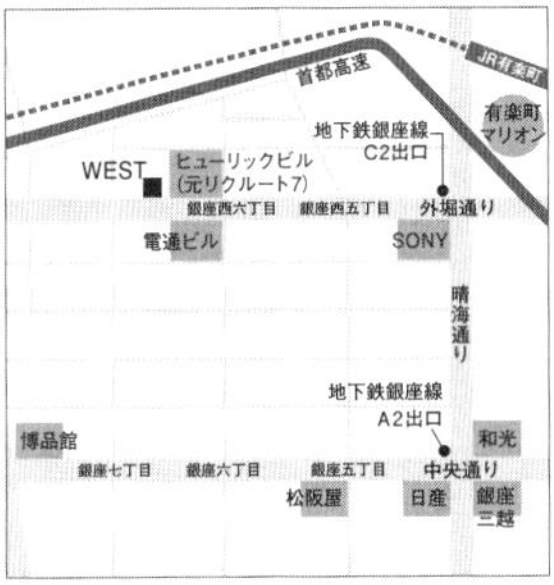

青山ガーデン
東京都港区南青山1-22-10
☎03-3403-1818
11:00〜20:00
無休

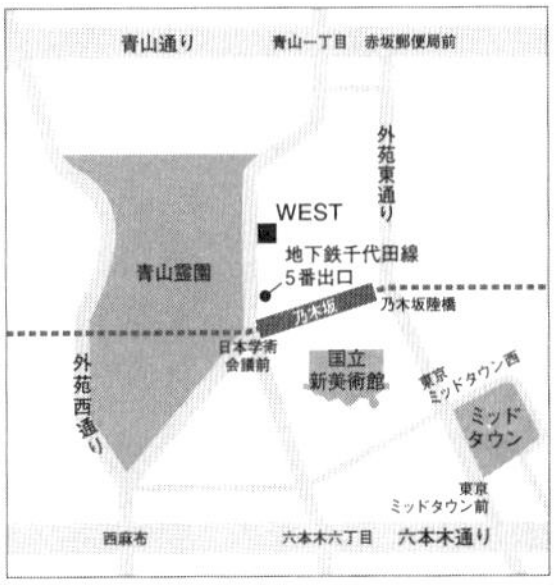

※そのほかの喫茶室や、百貨店内・工場併設の売店は下記をご参照ください。
http://www.ginza-west.co.jp/

[この本で紹介の商品データ]

P142(右上より時計回り)

アーモンドタルト	170円
サブレスト	550円(8枚入り)
マカダミアン	170円
塩クッキー	170円(4個入り)
バタークッキー	170円(2枚入り)
パルミエ	170円(2枚入り)

P143(右上より時計回り)

ヴィクトリア	170円
チーズバトン	600円(12本入り)
ウォールナッツ	170円
カシューナッツ	170円
リーフパイ	550円(5枚入り)
ガレット	170円

P144(右上より時計回り)

ポロン(ホワイト・抹茶・ココア)	各240円(4個入り)
フルーツバー	550円(4本入り)
ダークフルーツケーキ	170円(2本入り)
プチサブレスト	300円(10枚入り)
リトルリーフ	2,500円(85g入り)

オリジナルブレンドコーヒー	800円
ケーキ	380円〜
飲み物とケーキのセット	1,100円〜
ホットケーキ	1枚500円、2枚900円

(青山ガーデン・ベイカフェ ヨコハマ限定)

※上記価格はすべて税抜きです。
※掲載データは2014年3月現在のものです。
繁忙期やお盆、年末年始の営業に関しては
変更になる場合があります。

銀座ウエストとその時代
―喫茶・洋菓子を中心に―

●＝ウエストについての項

時代	年	出来事
江戸	1603	徳川家康、江戸幕府を開く
	1612	駿府（現・静岡）にあった銀貨鋳造所を今の銀座二丁目に移し「新両替町」と名付ける。通称として「銀座」と呼ばれたことから、現在の地名が生まれた
明治	1868	明治維新。江戸は「東京」と改称される
	1869	新両替町という町名が「銀座」と変わる
	1872	銀座大火 新橋〜横浜（現・桜木町）間に日本初の鉄道開業
	1874	ガス灯が点灯
	1875	東京・京橋の「凮月堂」が日本初のビスケットを製造
	1877	煉瓦街が完成
	1888	東京・上野に日本初の喫茶店「可否茶館」創業（〜1892）
	1889	木挽町（現・銀座四丁目）に歌舞伎座が開かれる
	1893	日本郵船が初の遠洋定期航路としてボンベイ（現・ムンバイ）航路を開く。1896年には欧州航路の運航もはじまる
	1897	鎌倉「豊島屋」が「鳩サブレー」を製造。バターを使ったお菓子はまだ珍しいものだった
	1904	日露戦争勃発。東京の多くの菓子店が軍用ビスケットを製造
	1911	東京・銀座にブラジルコーヒーの店「カフェーパウリスタ」創業。一杯5銭のコーヒーとドーナツが人気を博す
	1920	**●依田友一　生まれる**
大正		この頃からケーキにバタークリームが用いられるようになる
	1923	関東大震災
	1924	松坂屋銀座店オープン
	1925	松屋銀座本店オープン
	1927	日本初の地下鉄、浅草〜上野間開業
昭和	1930	三越銀座店オープン
	1931	ホットケーキミックス第一号、ホーム食品より発売される
	1932	服部時計店（現・和光）が時計塔を竣工（現存）
	1934	地下鉄銀座駅開業
	1935	築地に中央卸売市場完成
	1937	缶入りクッキー「スペシャルクッキーズ」で知られる「泉屋」、京都より東京・赤坂に進出
	1941	太平洋戦争開戦
	1945	1月、銀座がはじめて空襲を受ける。続けて3月、5月に空襲を受け、銀座のほぼ全域が焼け野原となる 8月、ポツダム宣言受諾、敗戦 服部時計店や松屋は接収されてPX（米軍のための売店）となる（〜1952） 11月、不二家がアイスクリーム発売。戦争中の練乳のストックを使って製造。1個60銭だった
	1947	**●東京・銀座に「銀座ウエスト」の前身「グリル・ウエスト銀座」創業**

昭和

1948	**●銀座本店向かいに工場開設** 戦後初のホットケーキミックス、オリエンタル酵母より発売される
1949	**●新橋に工場を移転** 歌謡曲『銀座カンカン娘』大ヒット
1950	菓子・あめ類の価格統制撤廃
1952	**●依田龍一　生まれる** 砂糖、小麦粉の統制解除
1953	東京でテレビ放送はじまる 日本初のスーパーマーケット「紀ノ國屋」東京・青山にオープン
1955	『銀座百点』創刊
1956	**●恵比寿工場開設**
1957	地下鉄丸ノ内線　東京〜西銀座（現・銀座）間開業 歌謡曲『有楽町で逢いましょう』大ヒット
1958	**●南青山五丁目、麹町に売店をオープン**
1960	コーヒー生豆の輸入自由化 インスタントコーヒー、森永製菓より発売される
1961	歌謡曲『銀座の恋の物語』大ヒット
1962	**●ドライケーキ販売はじまる**
1963	**●日本橋髙島屋に売店オープン。百貨店への出店はこれがはじめて** 獅子文六のコーヒー小説『コーヒーと恋愛』（旧題『可否道』）刊行。 三立製菓、日本の菓子業界ではじめてのパイ量産化に成功。翌々年「源氏パイ」を発売
1964	東海道新幹線開業 東京オリンピック開催

昭和

1965	みゆき通りに集う若者が「みゆき族」と呼ばれる
1967	**●日野工場開設**
1968	**●南青山に喫茶室をオープン** 都電銀座線が廃止される
1970	名古屋に「コメダ珈琲店」一号店、オープン 銀座にて、日曜日の歩行者天国はじまる。
1971	**●目黒に喫茶室をオープン** マクドナルド日本一号店、銀座三越1階にオープン。ハンバーガー80円
1978	**●原宿パレフランス内に喫茶室オープン（〜2004）**
1980	東京・原宿に日本初のセルフサービスのコーヒー店「ドトールコーヒーショップ」一号店、オープン

平成

1987	**●依田龍一、ウエストに入社**
1990	**●一宮工場開設**
1992	**●火災により銀座本店半焼。1か月後に復旧**
1996	東京・銀座に「スターバックス コーヒー」日本一号店、創業
2000	**●依田友一、社長を退き、会長に就任。依田龍一が二代目社長に就任**
2003	**●依田友一、急性心不全により逝去。享年82歳**
2004	**●日本橋三越新館内に喫茶室オープン**
2006	銀座三丁目の紙パルプ会館屋上にて、ミツバチを飼い蜜を採る「銀座ミツバチプロジェクト」はじまる
2007	**●青山店、建て替えのため取り壊し**
2008	**●青山ガーデン、オープン**
2011	東日本大震災
2013	**●目黒店閉店** 歌舞伎座、新装開業

あとがき

ツイッターをはじめてから3年が経った。

はじめてまもないときから、ウエストのツイートを見るのをいつも楽しみにしていた。新しく発売されるお菓子についてのお知らせなどはもちろんあるのだが、その合間合間に、喫茶室の季節感のこと、お菓子の裏話、昔の話、それからウエストとしてのものの考えかたがつぶやかれる。それこそ「真摯」で、でもたしかに軽みを含んで、後味のとてもいい140字だ。

そのうち、こういった、ウエストならではのものの捉えかたを軸にして本を書いてみたいという気持ちがじわじわ湧いてきた。編集者の村瀬彩子さんにその旨を伝え、ふたりで、ぜひやりましょうと盛り上がったときにはまだ、まさか、社長である依田龍一さん本人がつぶやいているとは知らないでいた。

2013年6月24日のツイートはとりわけ印象深い。いつものように、なるほどなあ、とか、面白いなあ、などと思うだけでなく、ふとその前で立ち止まりたくなるつぶやきだった。198

ページにあります。よろしければ、皆さんももういっぺん振り返ってみて下さい。

龍一さんが「どんなことを考えているか」もっともっと知りたい、聞きたいなあと、前のめりになって、２０１３年10月から２０１４年の年明けまで、話を聴きに銀座本店を訪ねた。今は亡き友一さんにとってはそれは野暮なことなのかもしれないけれど、書き留めておきたいと、私はやっぱり思った。食べればなくなってしまうドライケーキも、喫茶室の端正な雰囲気も、ウエストを形作っているものの輪郭をきっちり文字でなぞっておきたい、と。

そうだ、今度はあのことについて書いてみようか、と思い付いたとき、決まって会いたくなる7つ年下の女友達がいる。「あのこと」について彼女がどんな感想を持つか、聞いてみたくて。女友達をウエストに誘った。銀座本店にて一緒にコーヒーを飲んだ後、彼女はこう言った。

「お菓子やコーヒーを真面目に味わってもらおうとして、ああいう空間になったんでしょうね」

彼女は、ウエストの創業当時の様子はきっと「美しいものを堂々と愛《め》でられる、解放感と夢のある場所」だったと想像されるとも言った。そしてこう続けた。

「夢って、無駄といったら無駄かもしれないけど、人にとってはすごく大事で。だから、夢があるから、ウエストという空間は長生きしているのじゃないかと思う。ウエストにいると自分がいい人間になったような気がする」

最高の褒め言葉だと思う。

喫茶室のウェイトレスたちから工場に積まれたバターまで、ウエストの視覚的な魅力を巧みに切り取ってくれた写真家の久家靖秀さん、軽やかな装丁で包んでくれたデザイナーの有山達也さん、中島美佳さん、どうも有り難うございます。

編集者の村瀬彩子さんには、２０１０年の『大阪のぞき』に続いてたいへんお世話になりました。お話を聞かせていただいた、田中栄二さん、竹内和之さん、千葉雅夫さん、服部桂子さん、「VOSGES」の島田道子さん、依田龍一さん、それから、ウエストに関わる方々全てに、感謝します。

そしてなによりも、依田龍一さん、どうも有り難うございます。これからもウエストのお菓子や雰囲気を味わえることを楽しみにしつつ。

２０１４年　バタークッキーの冬　木村衣有子

［参考文献］

『依田友一回顧録』洋菓子舗ウエスト　私家版　2002
『風の詩』洋菓子舗ウエスト　新風舎　2006

『京都味覚散歩』臼井喜之介　白川書院　1962
『琥珀色の記憶　時代を彩った喫茶店』奥原哲志　河出書房新社　2002
『図説　東京お墓散歩』工藤寛正　河出書房新社　2002
『新版　お菓子「こつ」の科学』河田昌子　柴田書店　2012
『カフェ-スイーツ』vol.54　柴田書店　2005
『西洋菓子彷徨始末　洋菓子の日本史』吉田菊次郎　朝文社　2006
『銀座界隈ドキドキの日々』和田 誠　文春文庫　1997
『私の愛する喫茶店　東京篇』カタログハウス編　1995
『社史で見る日本のモノづくり　第2巻　めんづくり味づくり 明星食品30年の歩み』
ゆまに書房　2003
『ずばり東京』開高 健　光文社文庫　2007
『今日も銀座へ行かなくちゃ』枝川公一　講談社文庫　1996
『銀座物語　煉瓦街を探訪する』野口孝一　中公新書　1997
『銀座細見』安藤更生　中公文庫　1977
『銀座細見　懐しい街角から、観る・買う・食べる情報まで』
講談社カルチャーブックス　1993

［参考サイト］

雪印メグミルク株式会社／バター研究室
http://www.meg-snow.com/fun/academy/butter/
GINZA Official　銀座公式ウェブサイト／GINZA history
http://www.ginza.jp/history

木村衣有子／きむら・ゆうこ
文筆家。１９７５年栃木生まれ。18歳からの8年間、京都に暮らし［恵文社 一乗寺店］［喫茶ソワレ］で働きながらミニコミを刊行。のち、東京に転居。おもな著書に『京都カフェ案内』『京都の喫茶店 昨日・今日・明日』『東京骨董スタイル』『猫の本棚』（以上、平凡社）、『もの食う本』（ちくま文庫）など。お酒を題材にしたミニコミ『のんべえ春秋』編集発行人。
HP　http://mitake75.petit.cc/
ツイッター　@yukokimura1002

銀座ウエストのひみつ

２０１４年4月10日　初版

著者　木村衣有子
写真　久家靖秀
アートディレクション　有山達也
デザイン　中島美佳
編集　村瀬彩子
発行人　今出 央
発行　株式会社 京阪神エルマガジン社
〒５５０－８５７５　大阪市西区江戸堀１－10－８
編集☎０６－６４４６－７７１６
販売☎０６－６４４６－７７１８
ホームページ　http://www.Lmagazine.jp
印刷・製本　図書印刷株式会社

ISBN978-4-87435-436-0　C0095